中国移动
17:45
欢迎使用 博学谷
V1.0

中国移动
17:48
博学谷课程
"国家信息技术
紧缺人才培养工程指定教材"
Android 基础教程1-10章视频
第1章 Android 基础入门
第2章 Android UI开发
课程
习题
我

中国移动
11:47
Android移动开发基础案例教程
简介
视频
帧布局
表格布局

中国移动
11:46
Android移动开发基础案例教程
简介
视频
Android 程序开发最重要的一个环节就是界面处理，界面的美观度直接影响用户的第一印象，因此，开发一个整齐、美观的界面是至关重要的，本章将针对Android中的UI开发进行详细地讲解。

中国移动
10:01
博学谷习题
第1章 Android基础入门
第2章 Android UI开发
第3章 Activity
第4章 数据存储
第5章 SQLite数据库
第6章 广播接收者
第7章 服务
课程
习题
我

中国移动
14:03
第1章 Android基础入门
一、选择题
1.Android安装包文件简称APK，其后缀名是（ ）。
.exe
B .txt
.apk
D .app
2.下列选项中不属于ADT Bundle的是（ ）。
A Eclipse
B SDK
C SDK Manager.exe
D JDK

中国移动
09:57
注册
请输入用户名
请输入密码
请再次输入密码
注册

中国移动
请输入用户名
请输入密码
登录
立即注册
找回密码?

中国移动
安琪
播放记录
设置
课程
习题
我

中国移动
个人资料
头 像
用户名
安琪
昵 称
问答精灵
性 别
男
签 名
传智播客问答精灵

中国移动
头 像
用户名
昵 称
性别
男
女

中国移动
播放记录
第1章 Android 基础入门
Android系统简介
第1章 Android 基础入门
笔记软件

中国移动
设置
修改密码
设置密保
退出登录

中国移动
修改密码
请输入原始密码
请输入新密码
请再次输入新密码
保存

中国移动
设置密保
您的姓名是?
请输入要验证的姓名
验证

中国移动
找回密码
您的用户名是?
请输入您的用户名
您的姓名是?
请输入要验证的姓名
验证

"十三五"职业教育国家规划教材

Android项目实战——博学谷

黑马程序员　编著

中国铁道出版社有限公司
CHINA RAILWAY PUBLISHING HOUSE CO., LTD.

内 容 简 介

本书是在《Android 移动开发基础案例教程》的基础上编写的，涵盖 Android 基础的全部知识，不仅是对Android基础的巩固与提高，更是对项目经验的积累。本书以博学谷项目为主线，从项目的需求分析、产品设计、产品开发一直到项目上线，讲解了项目开发的全过程。

本书共 8 章，第 1 章针对博学谷项目进行整体介绍，第 2 章针对界面设计进行讲解，第 3 ～ 7 章针对项目功能模块进行详细讲解，其中包括注册与登录模块、“我”的模块、个人资料模块、习题模块、课程模块 5 个模块，第 8 章针对项目上线进行讲解。

本书附有配套视频、源代码、习题、教学课件等资源。另外，为了帮助读者更好地学习本书讲解的内容，还提供了在线答疑服务，希望可以帮助更多的读者。

本书适合作为高等院校计算机相关专业的教材，也可作为社会培训教材，是一本适合初学者学习和参考的读物。

图书在版编目（CIP）数据

Android项目实战：博学谷 / 黑马程序员编著. —北京：中国铁道出版社, 2017.7（2021.7重印）
国家信息技术紧缺人才培养工程指定教材
ISBN 978-7-113-23102-6

Ⅰ. ①A… Ⅱ. ①黑… Ⅲ. ①移动终端-应用程序-程序设计-高等学校-教材 Ⅳ. ①TN929.53

中国版本图书馆CIP数据核字(2017)第152062号

书　　名：Android 项目实战——博学谷
作　　者：黑马程序员

策　　划：秦绪好　翟玉峰　　　　编辑部电话：（010）83517321
责任编辑：翟玉峰　徐盼欣
封面设计：徐文海
封面制作：白　雪
责任校对：张玉华
责任印制：樊启鹏

出版发行：中国铁道出版社有限公司（100054，北京市西城区右安门西街 8 号）
网　　址：http://www.tdpress.com/51eds/
印　　刷：三河市航远印刷有限公司
版　　次：2017 年 7 月第 1 版　2021 年 7 月第 7 次印刷
开　　本：787 mm×1 092 mm　1/16　印张：15.5　字数：308 千
印　　数：29 001 ～ 32 000 册
书　　号：ISBN 978-7-113-23102-6
定　　价：45.00 元

序

江苏传智播客教育科技股份有限公司（简称传智教育）是一家培养高精尖数字化人才的公司，公司主要培养人工智能、大数据、智能制造、软件、互联网、区块链等数字化专业人才及数据分析、网络营销、新媒体等数字化应用人才。成立以来紧随国家互联网科技战略及产业发展步伐，始终与软件、互联网、智能制造等前沿技术齐头并进，已持续向社会高科技企业输送数十万名高新技术人员，为企业数字化转型升级提供了强有力的人才支撑。

公司由一批拥有10年以上开发管理经验，且来自互联网或研究机构的IT精英组成，负责研究、开发教学模式和课程内容。公司具有完善的课程研发体系，一直走在整个行业发展的前端，在行业内竖立起了良好的品质口碑。

一、黑马程序员——高端IT教育品牌

黑马程序员的学员多为大学毕业后，想从事IT行业，但各方面条件还不成熟的年轻人。“黑马程序员”的学员筛选制度非常严格，包括了严格的技术测试、自学能力测试，还包括性格测试、压力测试、品德测试等。百里挑一的残酷筛选制度确保学员质量，并降低企业的用人风险。

自黑马程序员成立以来，教学研发团队一直致力于打造精品课程资源，不断在产、学、研3个层面创新自己的执教理念与教学方针，并集中“黑马程序员”的优势力量，有针对性地出版了计算机系列教材百余种，制作教学视频数百套，发表各类技术文章数千篇。

二、院校邦——院校服务品牌

院校邦以“协万千名校育人、助天下英才圆梦”为核心理念，立足中国职业教育改革的痛点，为高校提供健全的校企合作解决方案。主要包括：原创教材、高校教辅平台、师资培训、院校公开课、实习实训、产学合作协同育人、专业建设、传智杯大赛等，每种方式已形成稳固的系统的高校合作模式，旨在深化教学改革，实现高校人才培养与企业发展的合作共赢。

（一）为大学生提供的配套服务

（1）请同学们登录 http://stu.ityxb.com，进入“高校学习平台”，免费获取海量

学习资源，平台可以帮助高校学生解决各类学习问题。

（2）针对高校学生在学习过程中存在的压力等问题，我们面向大学生量身打造了IT学习小助手——“邦小苑”，可提供教材配套学习资源。同学们快来关注“邦小苑”微信公众号。

“邦小苑”微信公众号

（二）为教师提供的配套服务

（1）请高校老师登录http://tch.ityxb.com，进入“高校教辅平台”，院校邦为IT系列教材精心设计“教案＋授课资源＋考试系统＋题库＋教学辅助案例”系列教学资源。

（2）针对高校教师在教学过程中存在的授课压力等问题，我们专为教师打造了教学好帮手——“传智院校邦”，老师可添加“码大牛”老师微信/QQ：2011168841，或扫描下方二维码，获取最新的教学辅助资源。

“传智院校邦”微信公众号

三、意见与反馈

为了让高校教师和学生有更好的教材使用体验，如有任何关于教材信息的意见或建议欢迎您扫码进行反馈，您的意见和建议对我们十分重要。

“教材使用体验感反馈”二维码

黑马程序员

前 言

为什么要学习 Android

Android是Google公司开发的基于Linux的开源操作系统，主要应用于智能手机、平板电脑等移动设备。经过短短几年的发展，Android系统在全球得到了大规模推广，除智能手机和平板电脑外，还可用于穿戴设备、智能家居等领域。据不完全统计，Android系统已经占据了全球智能手机操作系统的80%以上，中国市场占有率更是高达90%以上。由于Android的迅速发展，导致市场对Android开发人才需求猛增，因此越来越多的人学习Android技术，以适应市场需求寻求更广阔的发展空间。

如何使用本书

本书是在《Android移动开发基础案例教程》的基础上编写的，涵盖Android基础的全部知识，不仅是对Android基础的巩固与提高，更是对项目经验的积累。读者在学习本书之前，最好先学习《Android移动开发基础案例教程》，配套学习效果更好，如果是有基础的读者，可以直接动手实践博学谷项目，从零开始完成本项目的开发。

本书共分为8章，具体如下：

◎第1章针对博学谷项目进行整体介绍，包括项目名称、项目概述、开发环境、模块说明，以及各个界面的效果展示，对于本章的内容，读者只需了解即可。

◎第2章针对博学谷项目的三个功能界面的设计进行讲解，其中包含欢迎界面、课程界面、习题界面。通过本章的学习，读者可以掌握一些基本的界面设计技巧。

◎第3～5章针对用户模块进行讲解，由于用户模块的功能较多，因此将其分为三个小模块，其中包括注册与登录模块、“我”的模块、个人资料模块，这三章涉及的知识点有数据存储、SQLite数据库等。

◎第6章针对习题模块进行讲解，在习题界面中展示章节习题列表，当点击某个章节时会进入习题详情界面，在该界面中直接做题即可。本章涉及的知识点有XML文件解析、ListView控件、Adapter数据适配器等。

◎第7章针对课程模块进行讲解，在课程模块中同样显示课程列表，当点击某个章节时会进入课程详情界面，点击相应视频即可播放。本章涉及的知识点有

Fragment、ViewPager、自定义控件、多媒体、SQLite、JSON 数据解析等。

◎第 8 章针对项目上线进行讲解，其中包括代码混淆、项目打包、项目加固、项目发布等。本章学完后，建议读者对整个项目重新梳理，便于提高项目开发经验。

在使用本书的过程中，难免会遇到一些问题，如果是对某个知识点不熟悉，则可以先查阅《Android 移动开发基础案例教程》，理解后再进行项目开发。本项目是一个完整的项目，建议先理清思路，多思考、多分析、多实践，逐步完成项目的开发。

致谢

本书的编写和整理工作由传智播客教育科技股份有限公司完成，主要参与人员有吕春林、陈欢、张鑫、柴永菲、张泽华、李印东、邱本超、马伟奇、刘松、金兴等，全体人员在近一年的编写过程中付出了很多辛勤的劳动和汗水，在此一并表示衷心的感谢。

意见反馈

尽管我们尽了最大的努力，但教材中难免会有不妥之处，欢迎各界专家和读者朋友们来函给予宝贵意见，我们将不胜感激。您在阅读本书时，如发现任何问题或有不认同之处可以通过电子邮件与我们取得联系。

请发送电子邮件至：itcast_book@vip.sina.com。

传智播客·黑马程序员

2017 年 2 月 15 日于北京

目录

第1章 项目综述 1

1.1 项目分析 1
1.1.1 项目名称 1
1.1.2 项目概述 1
1.1.3 开发环境 2
1.1.4 模块说明 2
1.2 效果展示 2
1.2.1 欢迎界面和课程界面 2
1.2.2 课程详情界面 3
1.2.3 习题详情界面 3
1.2.4 “我”的界面 4
小结 6
思考题 6

第2章 界面设计 7

2.1 欢迎界面 7
2.2 课程界面 10
2.2.1 制作标题栏 10
2.2.2 制作广告轮播图 11
2.2.3 制作视频列表标题 16
2.2.4 制作课程列表界面 18
2.2.5 制作底部导航栏 21
2.2.6 制作课程详情界面 24
2.2.7 添加课程列表的交互事件 33
2.2.8 添加欢迎界面的交互事件 34
2.3 习题界面 34
2.3.1 制作标题栏 34
2.3.2 制作习题列表界面 35
2.3.3 修改底部导航栏 38
2.3.4 制作习题详情界面导航栏 39
2.3.5 制作习题详情界面 41
2.3.6 添加选项的交互事件 44
2.3.7 添加习题列表的交互事件 47
2.3.8 添加底部导航栏的交互事件 48

小结 49
思考题 49

第3章 注册与登录模块 50

3.1 欢迎界面 50
综述 50
【任务3-1】欢迎界面的实现 51
【任务3-2】欢迎界面逻辑代码 53
3.2 注册 55
综述 55
【任务3-3】标题栏 55
【任务3-4】注册界面 57
【任务3-5】MD5加密算法 59
【任务3-6】注册界面逻辑代码 61
3.3 登录 64
综述 64
【任务3-7】登录界面 65
【任务3-8】登录界面逻辑代码 68
小结 72
思考题 72

第4章 “我”的模块 73

4.1 “我”的界面 73
综述 73
【任务4-1】底部导航栏 74
【任务4-2】底部导航栏逻辑代码 77
【任务4-3】“我”的界面 84
【任务4-4】AnalysisUtils工具类 87
【任务4-5】“我”的界面逻辑代码 87
4.2 设置 92
综述 92
【任务4-6】设置界面 92
【任务4-7】设置界面逻辑代码 95
4.3 修改密码 98
综述 98
【任务4-8】修改密码界面 99
【任务4-9】修改密码界面逻辑代码 101
4.4 设置密保和找回密码 104
综述 104
【任务4-10】设置密保与找回密码界面 105

【任务4-11】设置密保与找回密码界面逻辑代码......108
小结......112
思考题......113

第5章 个人资料模块......114

5.1 个人资料......114
综述......114
【任务5-1】个人资料界面......115
【任务5-2】创建UserBean......119
【任务5-3】创建用户信息表......119
【任务5-4】DBUtils工具类......120
【任务5-5】个人资料界面逻辑代码......122
5.2 个人资料修改......127
综述......127
【任务5-6】个人资料修改界面......127
【任务5-7】个人资料修改界面逻辑代码......129
小结......136
思考题......136

第6章 习题模块......137

6.1 习题......137
综述......137
【任务6-1】习题界面......138
【任务6-2】习题界面Item......139
【任务6-3】创建ExercisesBean......140
【任务6-4】习题界面Adapter......141
【任务6-5】习题界面逻辑代码......143
6.2 习题详情......147
综述......147
【任务6-6】习题详情界面......148
【任务6-7】习题详情界面Item......149
【任务6-8】习题数据的存放......151
【任务6-9】习题详情界面Adapter......154
【任务6-10】习题详情界面逻辑代码......162
小结......169
思考题......169

第7章 课程模块......170

7.1 课程列表......170

综述 170
【任务7-1】水平滑动广告栏界面 171
【任务7-2】课程界面 174
【任务7-3】课程界面Item 176
【任务7-4】创建CourseBean 178
【任务7-5】创建AdBannerFragment 179
【任务7-6】创建AdBannerAdapter 181
【任务7-7】课程界面Adapter 183
【任务7-8】课程界面数据的存放 187
【任务7-9】课程界面逻辑代码 188
7.2 课程详情 196
综述 196
【任务7-10】课程详情界面 196
【任务7-11】课程详情界面Item 199
【任务7-12】创建VideoBean 200
【任务7-13】课程详情界面Adapter 200
【任务7-14】视频列表数据的存放 204
【任务7-15】课程详情界面逻辑代码 205
7.3 视频播放 213
综述 213
【任务7-16】视频播放界面 213
【任务7-17】视频播放界面逻辑代码 214
7.4 播放记录 217
综述 217
【任务7-18】播放记录界面 217
【任务7-19】播放记录界面Item 218
【任务7-20】播放记录界面Adapter 220
【任务7-21】播放记录界面逻辑代码 223
小结 226
思考题 226
第8章 项目上线 227
8.1 代码混淆 227
8.1.1 修改build.gradle文件 227
8.1.2 编写proguard-rules.pro文件 228
8.1.3 查看mapping.txt文件 229
8.2 项目打包 231
8.3 项目加固 233
8.4 项目发布 236
小结 238
思考题 238

第1章

项目综述

学习目标

◎了解博学谷项目的功能与模块结构；

◎了解博学谷项目的界面交互效果。

博学谷项目源于博学谷教学辅助平台，该平台是一个集 IT 学习资源为一体的教学平台，本次开发的博学谷项目作为学生端的自学助手，里面包含丰富的学习视频和习题。并且该项目也是为了巩固 Android 基础知识所设计的，项目中每个模块都会在 Android 基础中找到与之对应的知识点。本章将针对博学谷项目的整体功能进行简单介绍。

1.1 项目分析

1.1.1 项目名称

博学谷自学助手。

1.1.2 项目概述

博学谷项目是一个学生端自学助手，每个学生都可以注册账号，然后通过博学谷自学助手来学习《Android 移动开发基础案例教程》第 1 ～ 10 章的教学视频，并在学习完成后通过章节习题进行自我测验，达到课前预习与课后复习的效果。

1.1.3 开发环境

操作系统：

◎ Windows 系统。

开发工具：

◎ JDK8；

◎ Android Studio 2.2.2。

数据库：

◎ SQLite。

1.1.4 模块说明

博学谷项目主要分为三大功能模块，分别为课程模块、习题模块、“我”的模块，项目结构如图 1-1 所示。

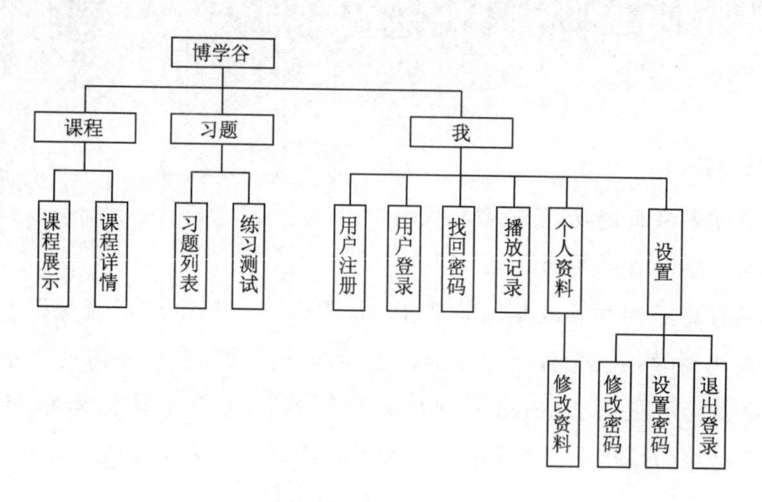

图 1-1 项目结构

从图 1-1 可以看出，课程模块包含课程展示、课程详情功能，习题模块包含习题列表、练习测试功能。“我”的模块包含用户注册、用户登录、找回密码、播放记录、个人资料、设置六个功能，其中设置功能又包含了修改密码、设置密保、退出登录三个功能。

1.2 效果展示

1.2.1 欢迎界面和课程界面

程序启动成功后，首先会在欢迎界面停留几秒然后进入课程界面，点击底部导航栏的习题按钮或“我”的按钮可以切换到习题界面或“我”的界面，如图 1-2 所示。

图 1-2 欢迎界面、课程界面、习题界面与“我”的界面

1.2.2 课程详情界面

点击课程界面中的某个课程时，会进入课程详情界面，在该界面中可以查看课程简介，以及与课程配套的视频，当点击某个视频时，会自动播放已有的视频，如图 1-3 所示。

图 1-3 课程详情界面

1.2.3 习题详情界面

当点击底部导航栏中的“习题”时，会进入习题列表界面。点击该界面中的某个条目，会展示当前章节的所有习题，即可开始答题，如图 1-4 所示。

图 1-4　习题详情界面

1.2.4　“我”的界面

当点击底部导航栏中的“我”时，会进入“我”的界面。当用户未登录时，点击“我”的界面中的头像，会进入登录界面。如果没有登录账号则可以点击“立即注册”进行注册，如果已经有登录账号则输入正确的用户名和密码即可登录，若忘记密码则可以点击“找回密码”，将密码找回，如图 1-5 所示。

图 1-5　登录与注册

当用户登录成功时，点击“我”的界面中的播放记录或设置条目，可以进入播放记录界面或设置界面。在设置界面中可以修改密码、设置密保，如图 1-6 所示。

图 1-6　播放记录与设置

当用户登录成功时，点击“我”的界面中的头像，会进入个人资料界面，在该界面中可以修改用户昵称和性别等，如图 1-7 所示。

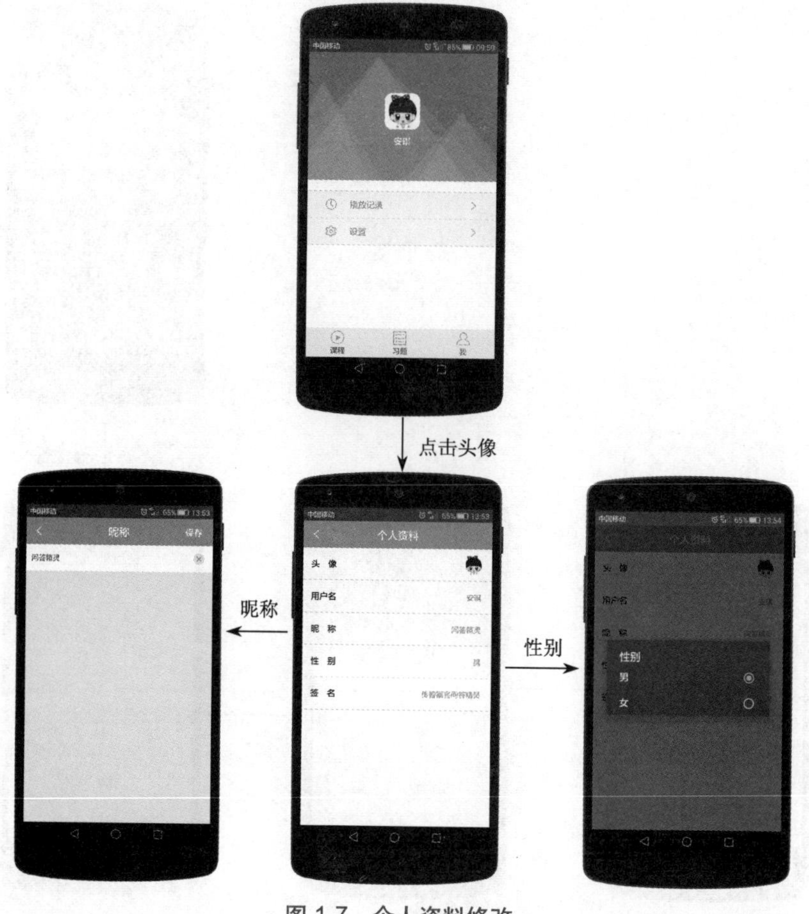

图 1-7　个人资料修改

小　　结

本章整体介绍了博学谷项目的功能、模块，以及项目效果，读者只需在头脑中有个简单的了解即可，在接下来的章节中，会一一实现这些功能模块以及界面的设计。

【思考题】

1. 博学谷项目有几个主要模块?
2. 在博学谷项目中如何进入登录界面和注册界面?

第2章 界面设计

学习目标

◎掌握 Axure 的使用，会使用 Axure 进行界面设计；

◎掌握界面设计的思路，实现项目界面的设计；

◎学会动态面板的组合使用，能够制作复杂的动态面板。

博学谷界面设计是整个项目的开端，界面的美观与舒适是用户体验的重要因素。在开发项目之前，通常会先制作项目的原型图来模拟项目的交互过程，体验项目在使用过程中是否符合用户需求。本章将针对博学谷项目中几个主要界面的原型设计进行详细讲解。

2.1 欢迎界面

在应用程序启动时，会首先进入欢迎界面。欢迎界面包括手机外框、系统状态栏、欢迎界面背景图片、版本号信息和虚拟按键。

在制作原型图时首先需要确定演示的设备，本项目以 Nexus 6P 作为演示设备，因此先在原型图中放入 Nexus 6P 的手机外框。在网上有许多开源的移动设备元件库，初学者可自行下载并导入元件库。接下来对欢迎界面的制作进行详细讲解。

步骤 1 创建页面，命名为“Splash”，在元件库中将 Nexus 6P 手机外框图拖入到工作区域，如图 2-1 所示。

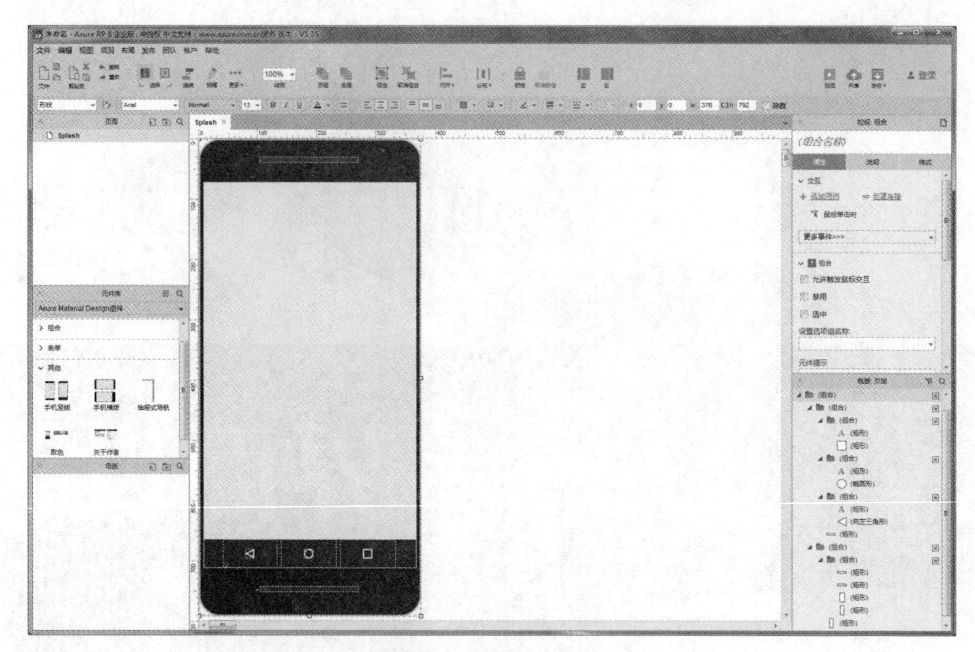

图 2-1　放置手机外框

步骤 2 从元件库中将系统状态栏拖入到工作区域中，如图 2-2 所示。

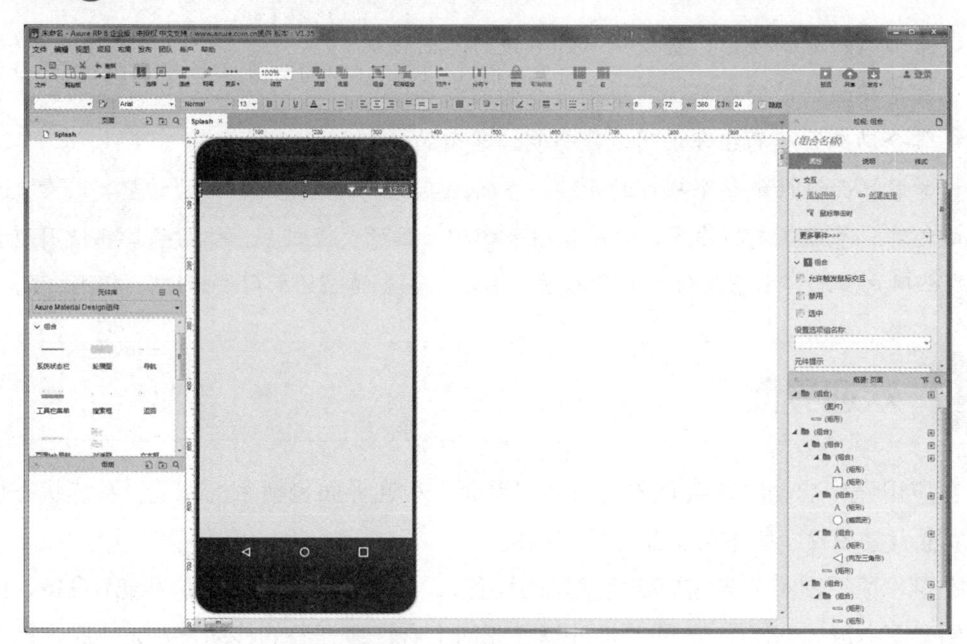

图 2-2　放置系统状态栏

由于项目中应用手机外框与系统状态栏的地方很多，因此可以将手机外框与系统状态栏制作成母版，方便后期修改维护，本书不做详细讲解。

步骤 3 拖入图片元件用于设置欢迎界面背景图片，设置图片元件的宽和高。图片元件的宽应与手机屏幕宽度一致，而高应为“手机屏幕高度 - 系统状态栏高度 - 虚拟按键高度”，其中系统状态栏的高度为 24，虚拟按键的高度为 48，因此图片元件的高度为 640−24−48=568（640 为手机屏幕的高度），即图片元件的宽高为 360 × 568（360 为手机屏幕的宽度），如图 2-3 所示。

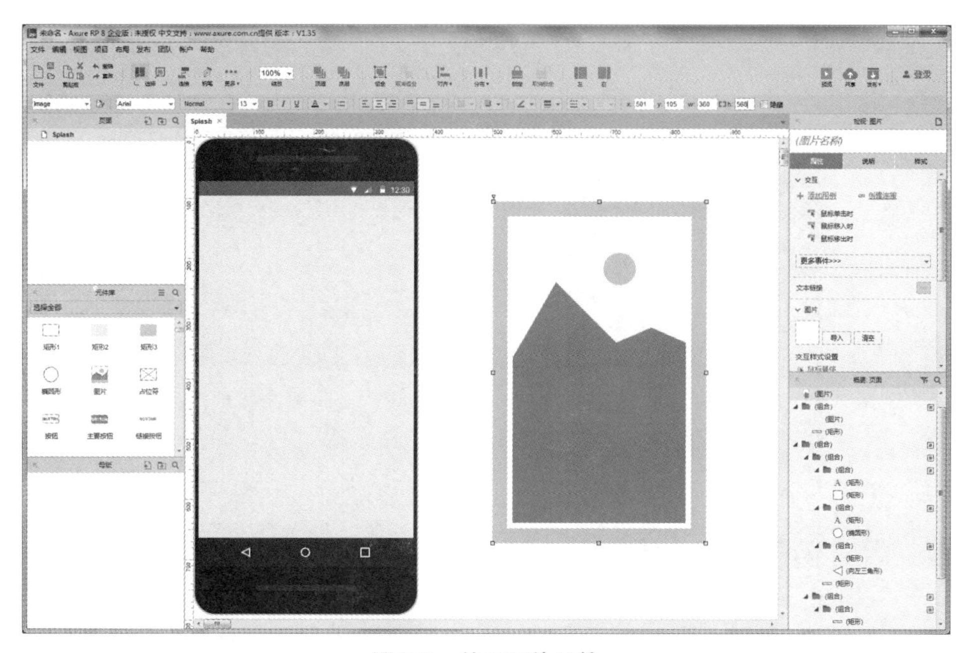

图 2-3　放置图片元件

步骤 4 双击图片元件，将欢迎界面背景图片导入到图片元件，然后将图片元件移入设备边框中，如图 2-4 所示。

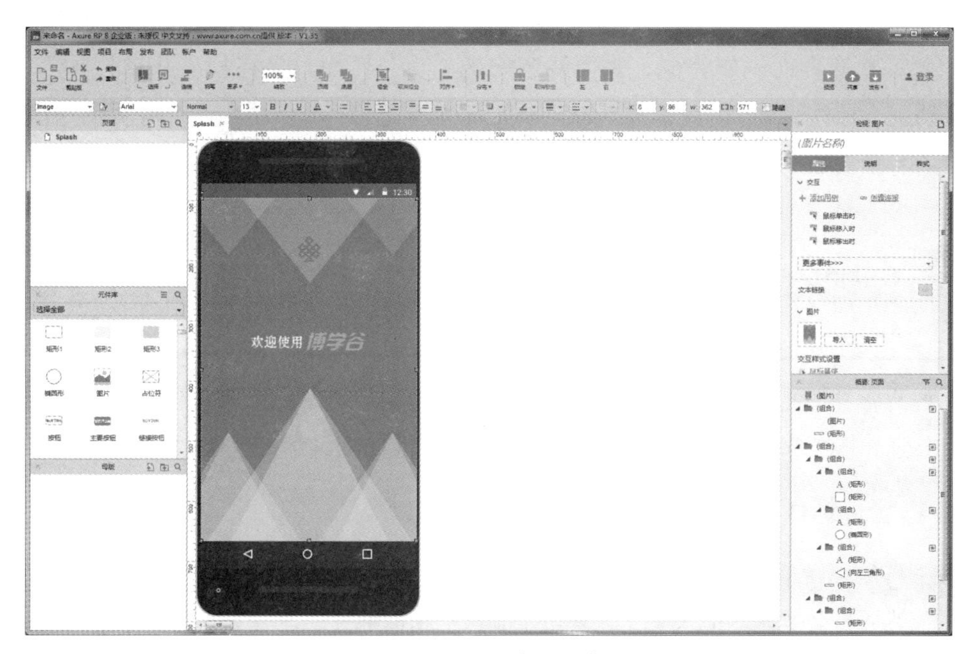

图 2-4　导入欢迎图片

步骤5 在欢迎界面中需要展示版本号信息，版本号信息可以通过文本标签实现，将文本标签拖入工作区域，双击文本标签编辑文本，并将文本颜色设置为白色，如图 2-5 所示。

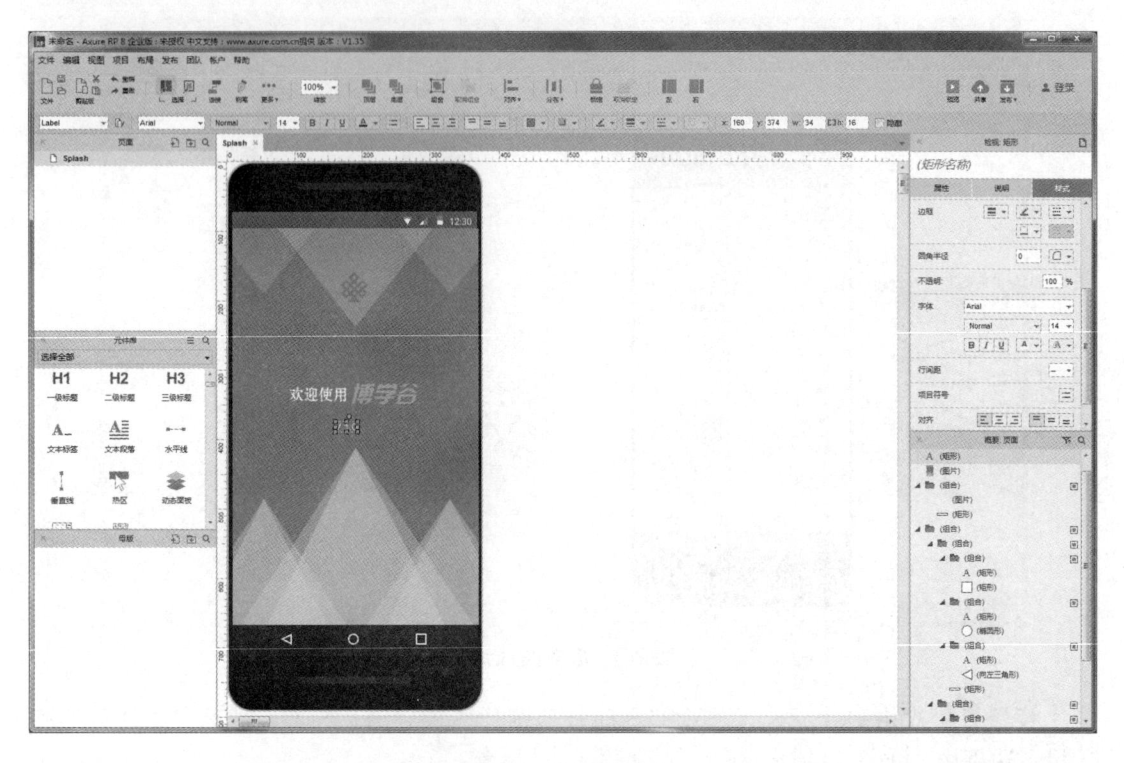

图 2-5 设置版本号

至此，欢迎界面制作完成。需要注意的是，欢迎界面只会在程序开启时展示 3 秒，便会自动进入课程界面，因此需要为欢迎界面添加交互事件，但是由于课程界面还没创建，因此将该步骤放在制作课程界面中讲解。

2.2 课程界面

课程界面主要包含四部分，分别是标题栏部分、广告轮播图部分、课程列表部分和导航栏部分。接下来本节将针对课程界面的制作进行详细讲解。

2.2.1 制作标题栏

步骤1 创建页面并命名为“Course”，放入手机外框及系统导航栏，将屏幕背景设置为白色。然后将文本元件拖入工作区，用于制作标题栏部分，设置宽高为 360×50，如图 2-6 所示。

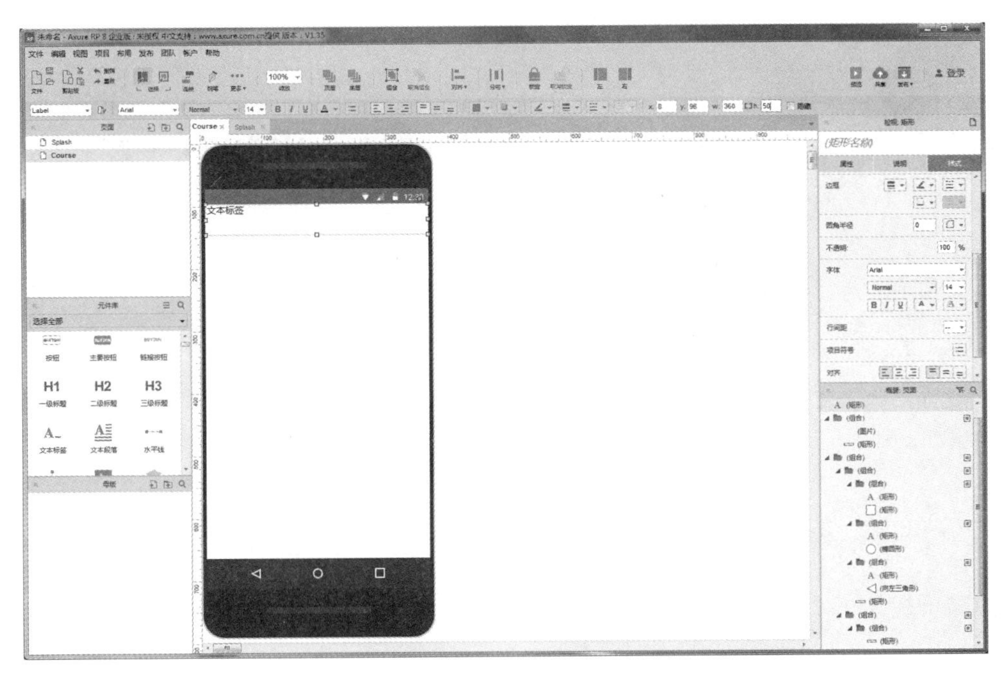

图 2-6　放入标题栏文本框

步骤 2 将文本标签的背景设为蓝色，文本内容设置为“博学谷课程”，字号设置为 20，文本颜色设置为白色，位置设置为水平和垂直居中显示，如图 2-7 所示。

图 2-7　设置标题栏

2.2.2　制作广告轮播图

广告轮播图部分用于展示宣传图片，并且能够自动切换到下一张，因此需要使用动态面板进行实现。

步骤 1 首先拖入一个图片元件，并将宽高设置为 360×180，如图 2-8 所示。

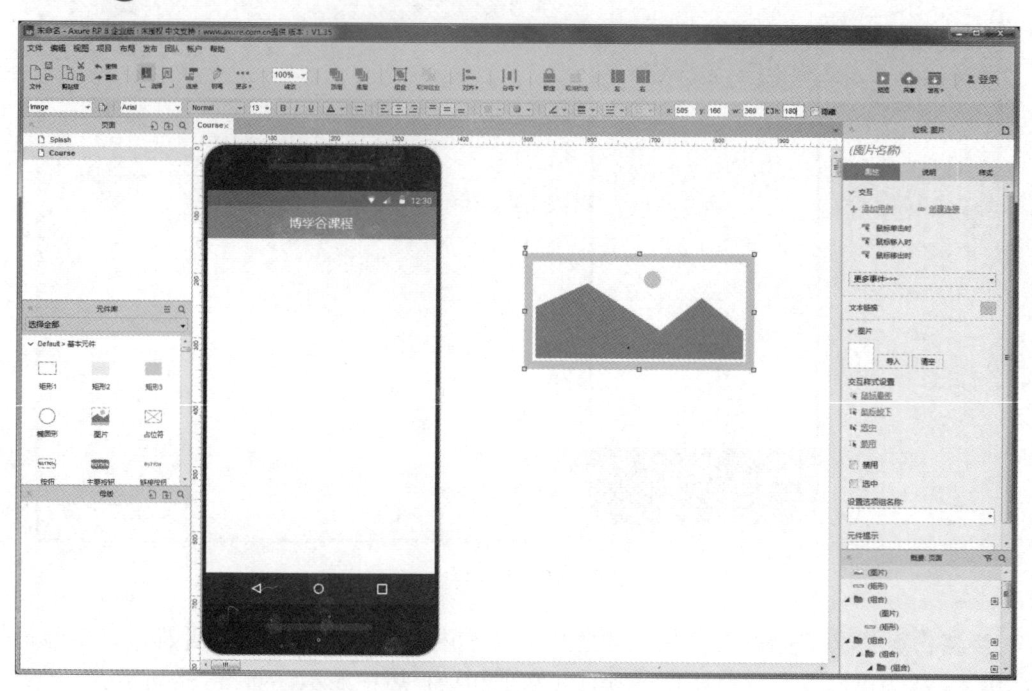

图 2-8　放入图片元件

步骤 2 双击图片元件，添加第一张展示图，如图 2-9 所示。

图 2-9　导入图片

步骤3 使用椭圆形元件，为轮播图添加3个小圆点，并设置第一个椭圆形元件的填充色为蓝色，其他椭圆形元件为灰色，如图2-10所示。

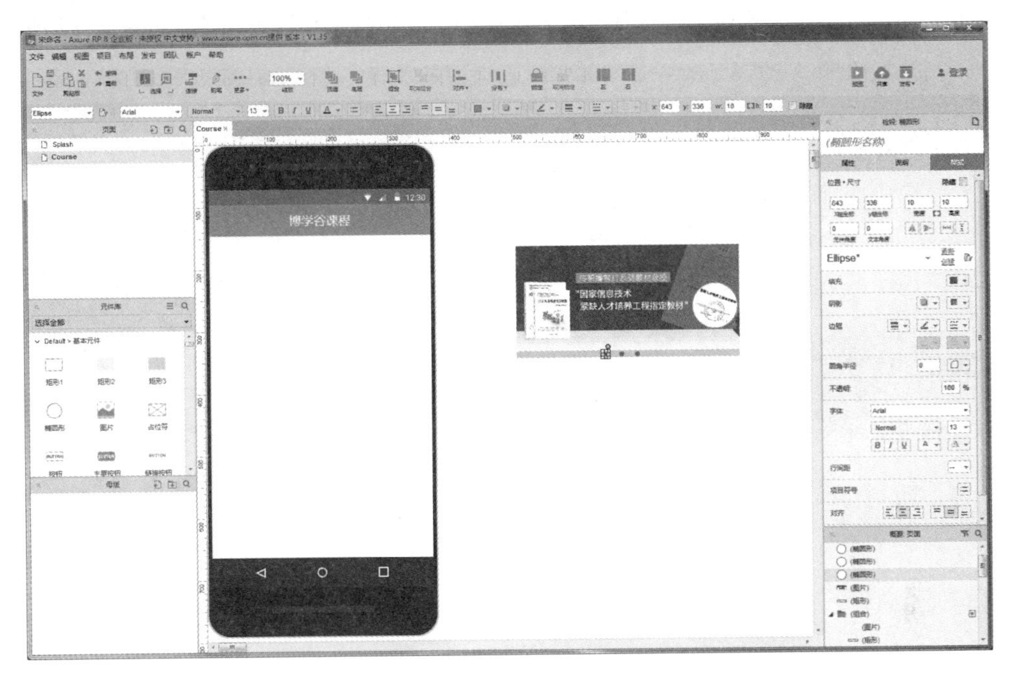

图 2-10　添加轮播图按钮

步骤4 选中图片元件与3个椭圆形元件进行组合，之后将其转换为动态面板，如图2-11所示。

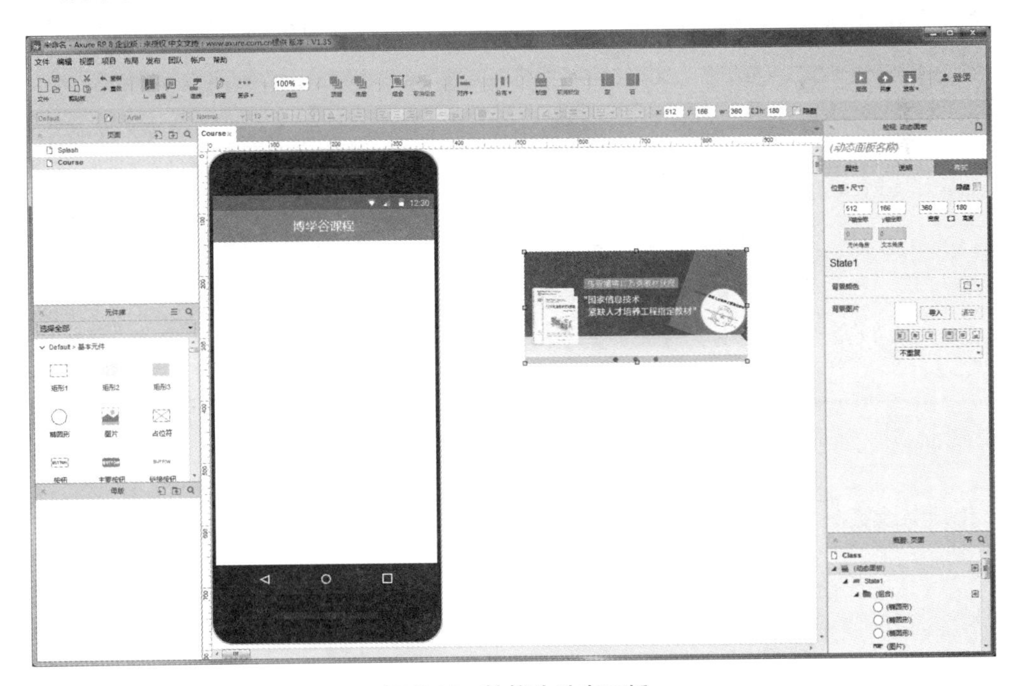

图 2-11　转换为动态面板

步骤 5 由于首页需要展示 3 张轮播图，因此需要三个动态面板。接下来再复制两个动态面板，然后双击 State2 面板，更改第 2 个面板中的展示图片，并将第 2 个椭圆形元件的填充颜色设置为蓝色，恢复第 1 个椭圆形元件的填充颜色为灰色，如图 2-12 所示。

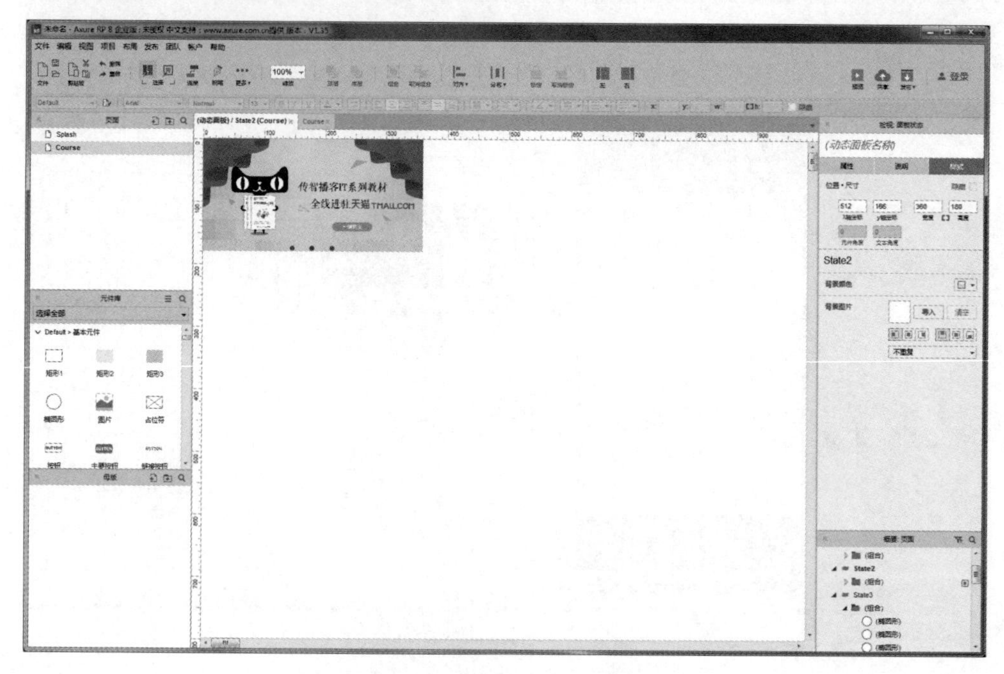

图 2-12　设置 State2 面板

步骤 6 双击 State3 面板，更改第 3 个面板中的展示图片，并将第 3 个椭圆形元件的填充颜色设置为蓝色，恢复第 2 个椭圆形元件的填充颜色为灰色，如图 2-13 所示。

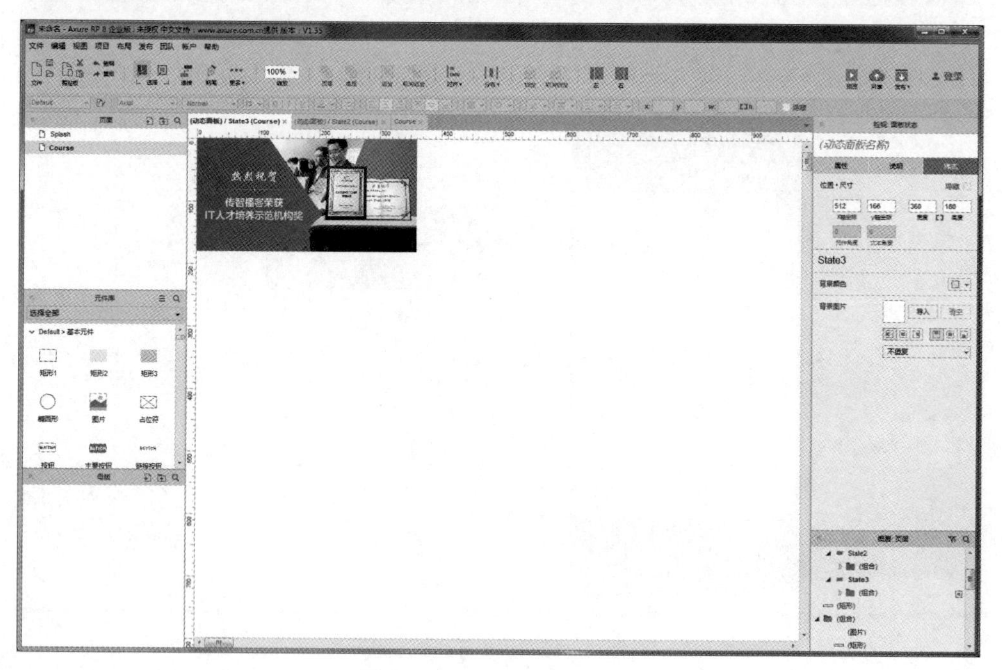

图 2-13　设置 State3 面板

步骤 7 返回课程界面，将制作好的动态面板放入课程界面中，如图 2-14 所示。

图 2-14　放入课程界面

步骤 8 添加动态面板交互事件，实现图片轮播效果。可以选择载入时添加交互事件，将动态面板状态设置为“Next”，勾选“向后循环”，设置循环间隔时间为 2000 毫秒，设置进入动画为“向左滑动”，如图 2-15 所示。

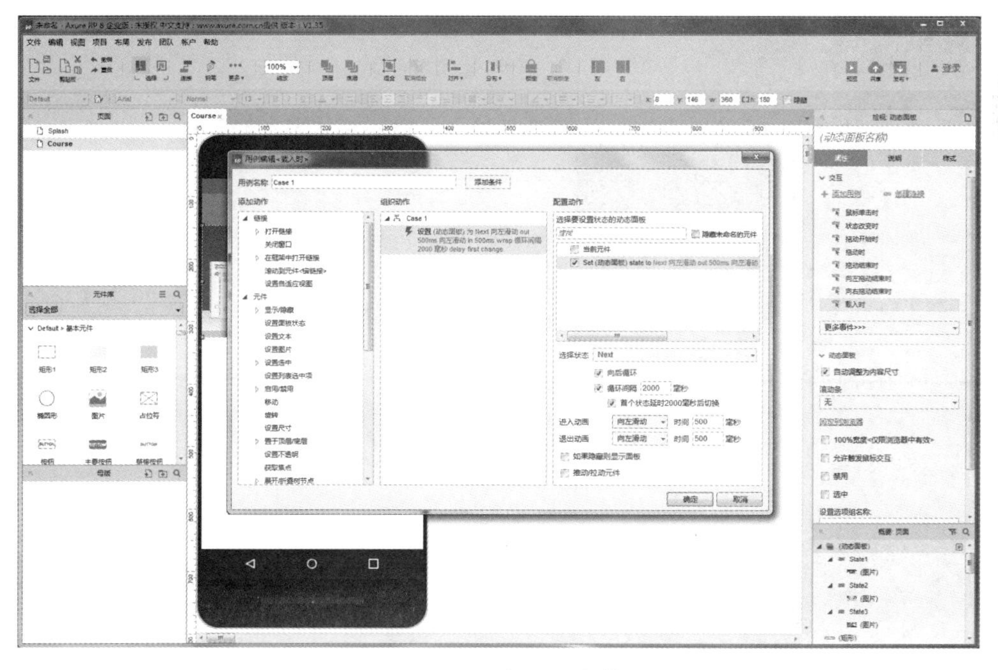

图 2-15　添加交互事件

2.2.3　制作视频列表标题

步骤 1 在工作区域中，拖入一个文本标签，用于展示视频标题文本，将文本标签的宽高设置为 300×40，字号设置为 16，对齐方式设置为左对齐，如图 2-16 所示。

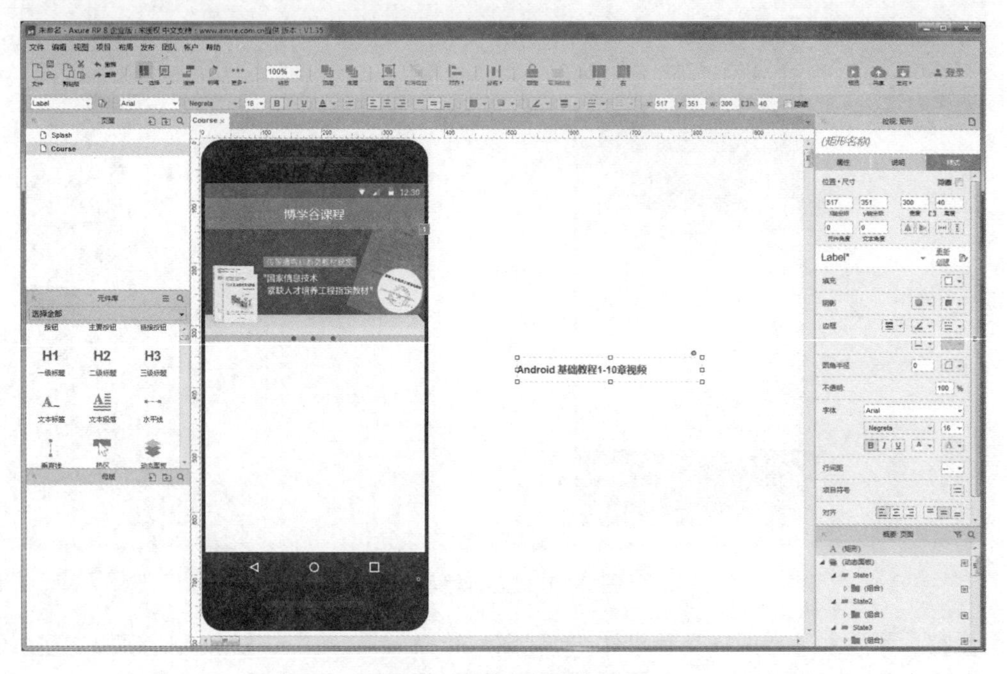

图 2-16　拖入视频标题

步骤 2 将文本标签放入课程界面中，使文本标签与屏幕的右侧对齐，如图 2-17 所示。

图 2-17　放置视频标题

步骤3 向工作区域拖入一个图片元件，用于放置视频列表图标，并将宽高设置为30×30，如图2-18所示。

图 2-18　拖入视频图标

步骤4 将视频列表图标放入课程界面中，与视频标题文本水平对齐，且坐标为x=28，y=331，如图2-19所示。

图 2-19　放置视频图标

2.2.4 制作课程列表界面

步骤 1 将图片元件拖入工作区域，设置宽高为 140×100，选择章节展示图片，如图 2-20 所示。

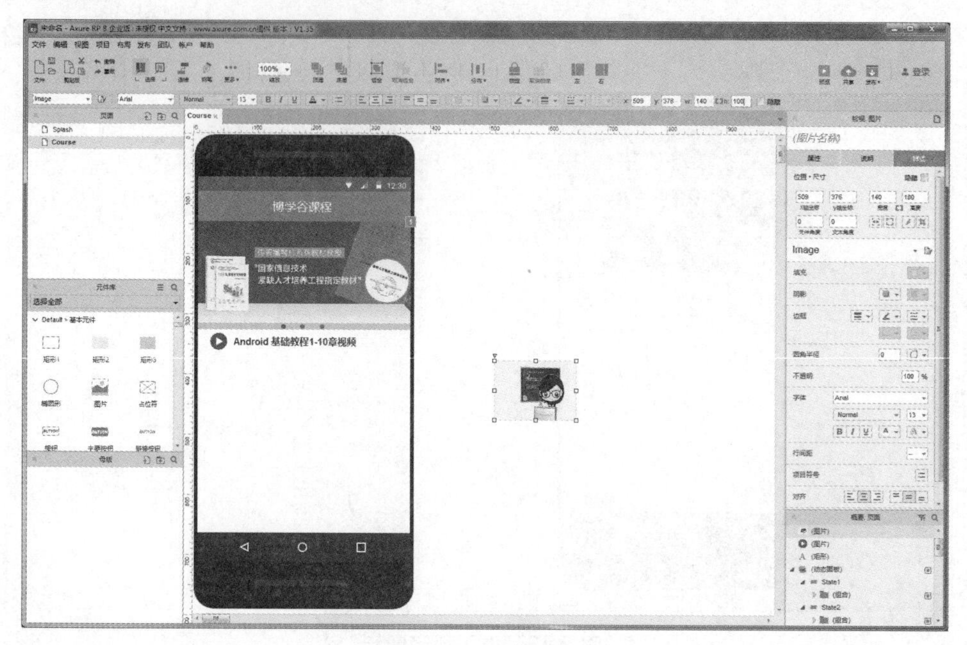

图 2-20 章节图片

步骤 2 在图片上有一行章节简介文本，可以通过文本标签进行实现。将文本标签拖入工作区域，设置宽高为 140×20，在文本标签的样式中设置字体大小为 11，字体颜色为白色，文本标签的背景为灰色，不透明度为 70%，如图 2-21 所示。

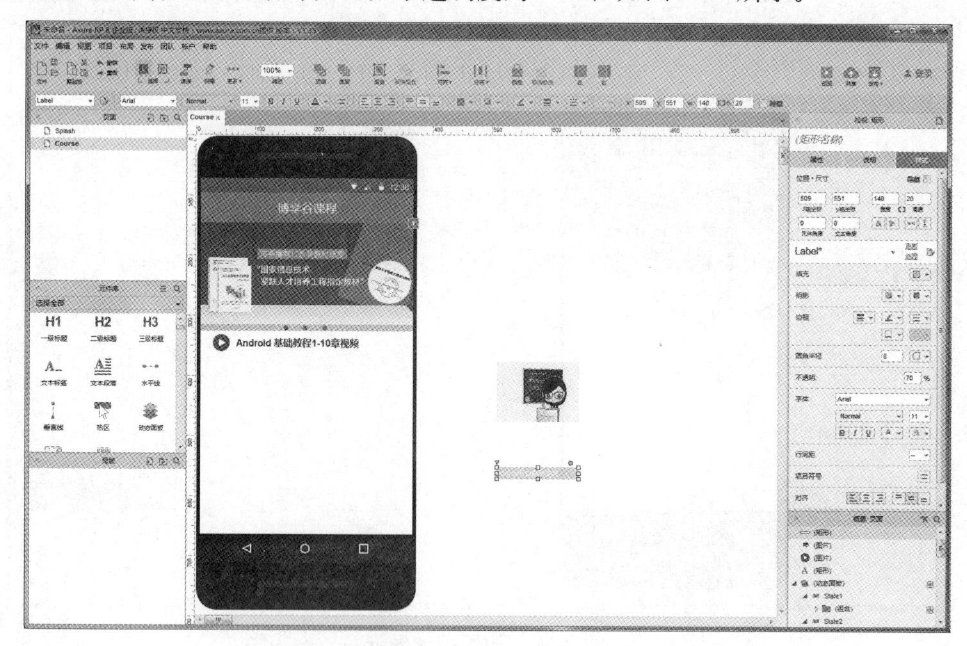

图 2-21 拖入章节介绍

步骤3 将文本标签放在图片之上，且保证元件底部对齐，如图 2-22 所示。

图 2-22　放置章节介绍

步骤4 再放置一个文本标签，用于显示章节名称，该标签的宽高为 140×30，如图 2-23 所示。

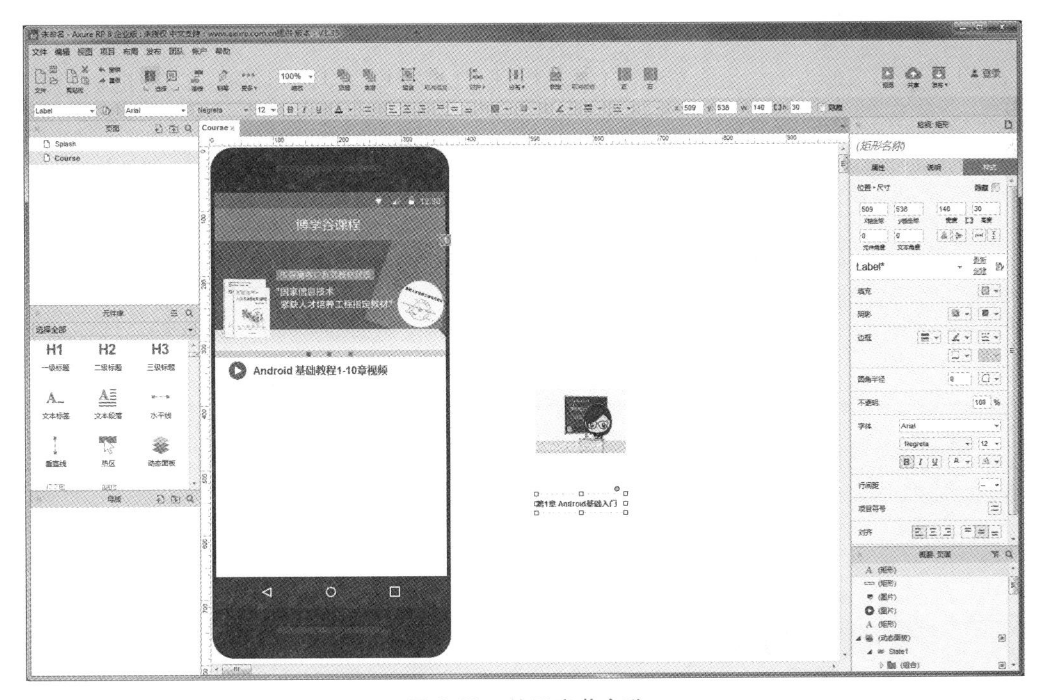

图 2-23　放置章节名称

步骤 5 将章节名称框顶部与图片底部对齐，由于每个章节的条目布局相同，因此可以将其进行组合，如图 2-24 所示。

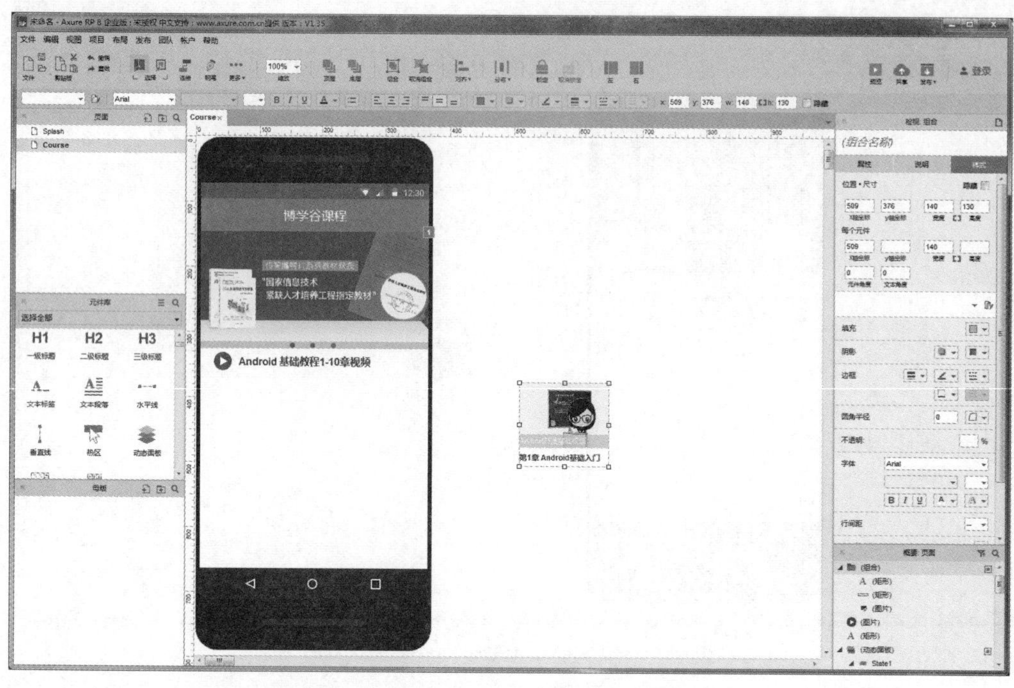

图 2-24　组合章节条目

步骤 6 将第 1 章条目放入课程界面中，坐标尺寸为 x=28，y=376，如图 2-25 所示。

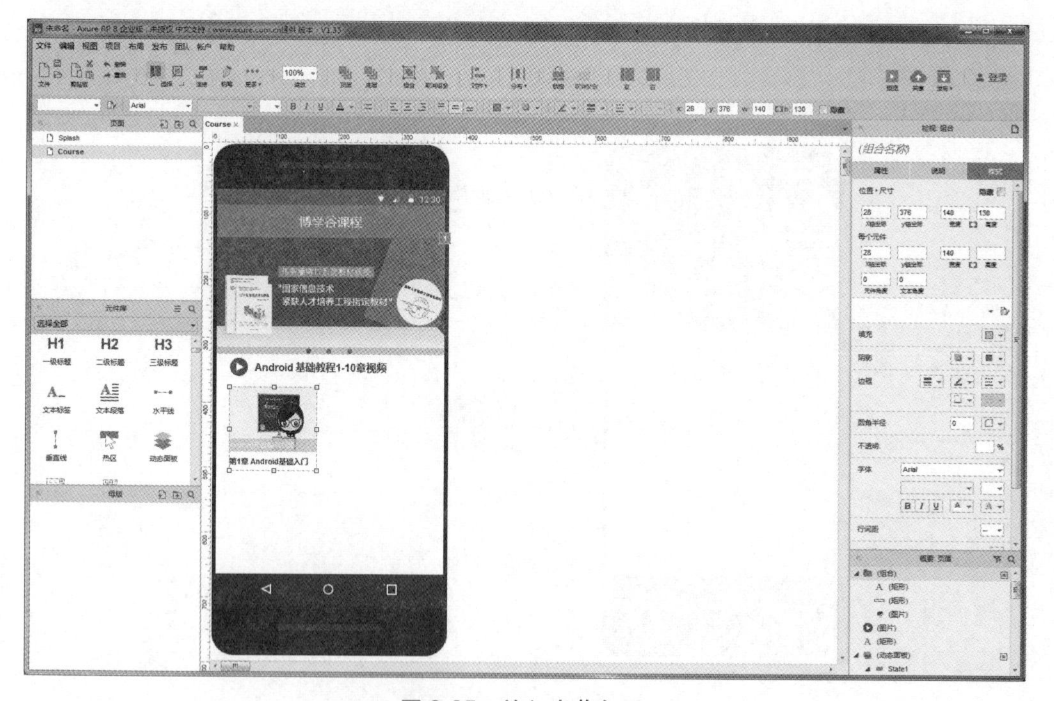

图 2-25　放入章节条目

步骤7 制作其余章节条目，第 2 章的条目坐标为 x=208，y=376，完成视频列表的其余部分，如图 2-26 所示。

图 2-26 视频列表

至此，视频列表部分制作完成，在屏幕底部还有导航栏部分，接下来将详细讲解导航栏的制作。

2.2.5 制作底部导航栏

导航栏用于点击不同按钮跳转到不同页面，在导航栏中主要包含导航栏背景、界面图标和界面文本，接下来按步骤实现导航栏的制作。

步骤1 将矩形元件拖入工作区域，设置宽高为 360×55，将元件背景设置为灰色，如图 2-27 所示。

步骤2 将图片元件拖入工作区域，设置宽高为 24×24，由于当前界面为课程界面，因此课程界面的图片应设置为蓝色图片，表示选中状态，如图 2-28 所示。

步骤3 将文本标签拖入工作区域，用于显示当前界面文本。将文本标签宽高设置为 48×14，字号设置为 11，由于课程界面为当前展示界面，因此将界面文本的颜色设置为蓝色，表示为选中状态，并将界面图标与文本标签进行组合以方便使用，如图 2-29 所示。

步骤4 制作其他界面的图片及文本标签。需要注意的是，未选中界面的图标需要设置成灰色的未选中图片，同样文本颜色也设置成灰色表示未选中状态，如图 2-30 所示。

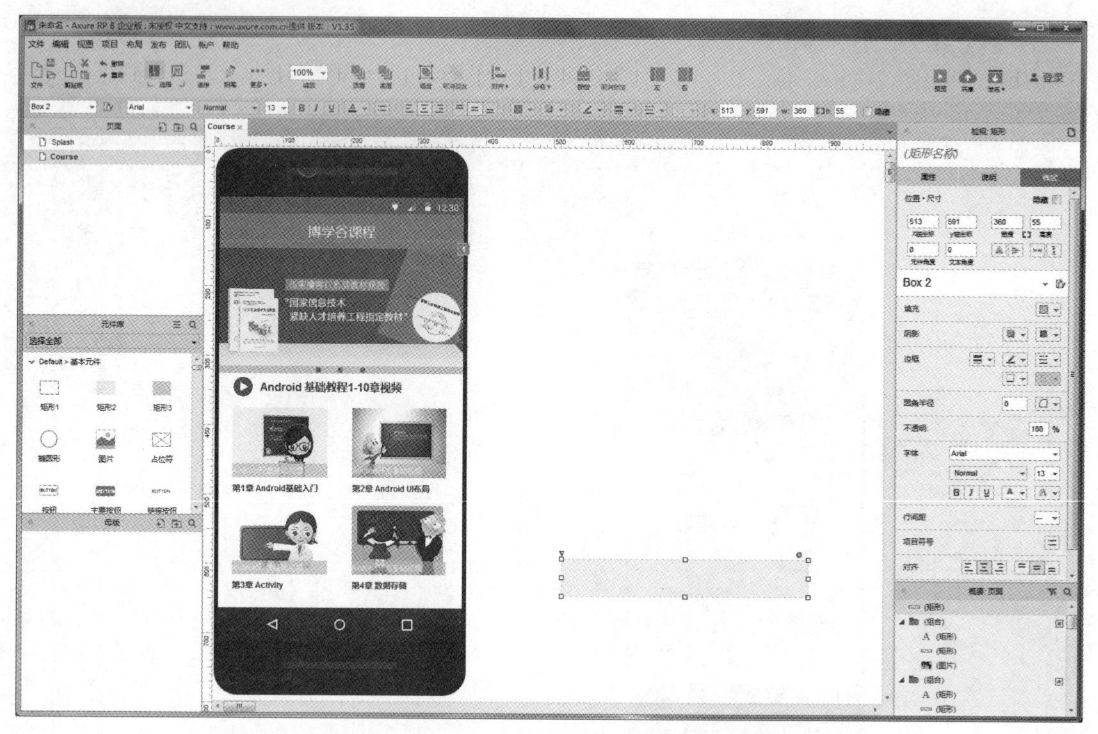

图 2-27　拖入矩形元件

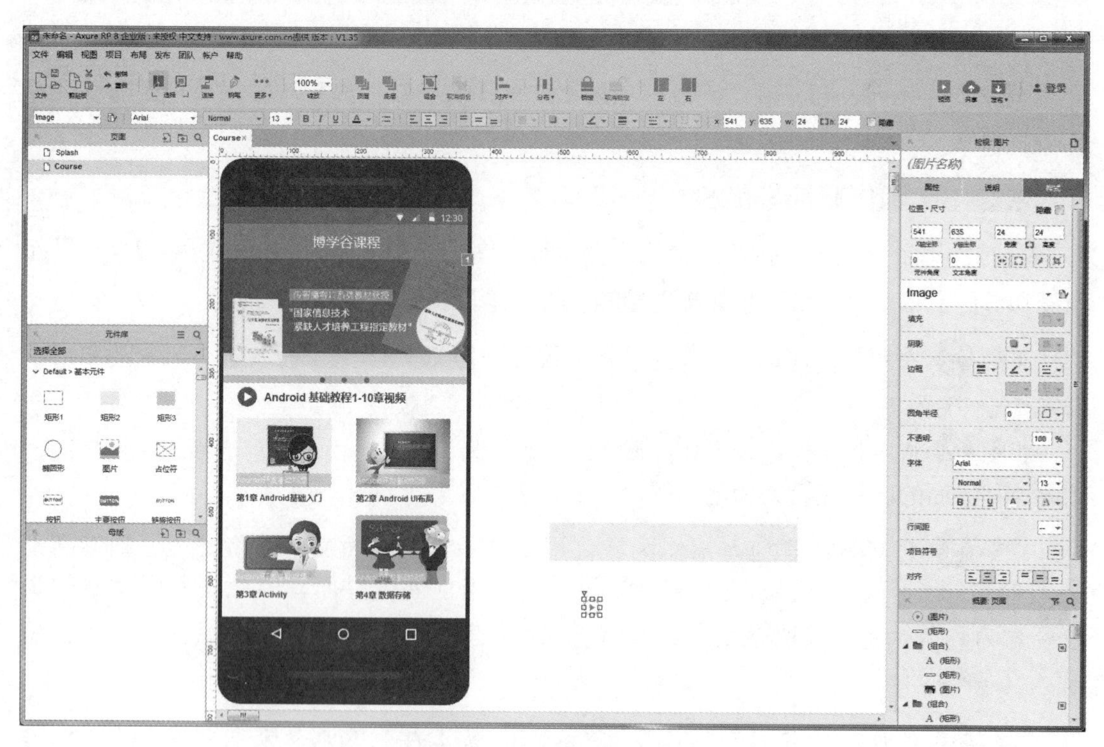

图 2-28　拖入课程界面图标

图 2-29　组合课程图标

图 2-30　制作完成的导航栏

步骤 5 将制作好的导航栏放入课程界面中，如图 2-31 所示。

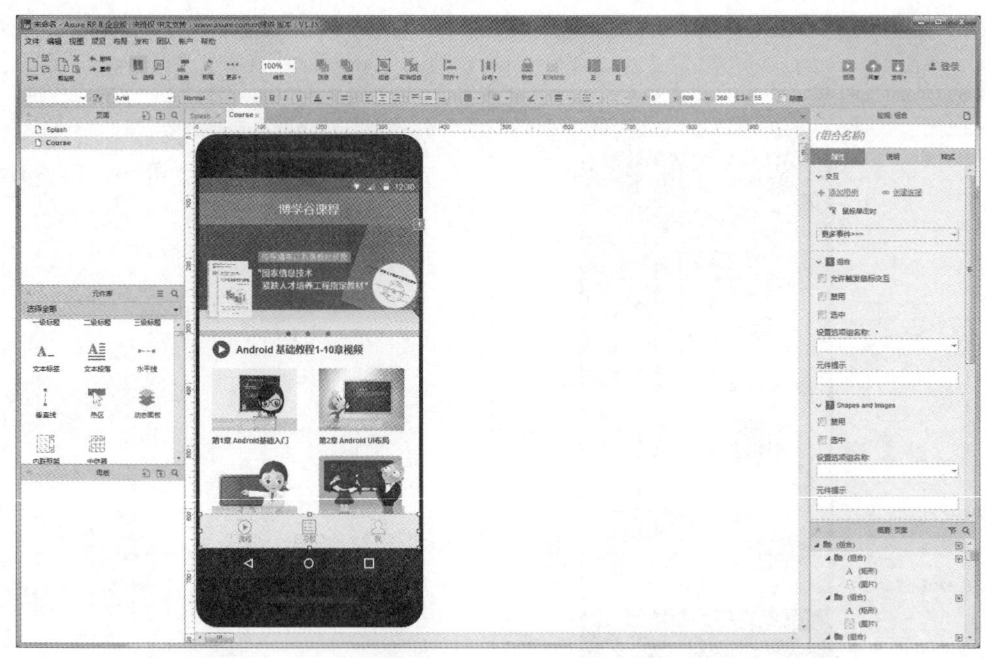

图 2-31　放置导航栏

2.2.6　制作课程详情界面

课程详情界面主要包括图片展示部分、界面选择导航栏和界面内容展示部分，接下来将实现视频详情界面。

步骤 1 创建新页面，命名为“Videos”，放入手机外框和系统状态栏。将图片元件拖入原型图中用于放置教材简介图片，设置宽高为 360×200，导入需要展示的图片，如图 2-32 所示。

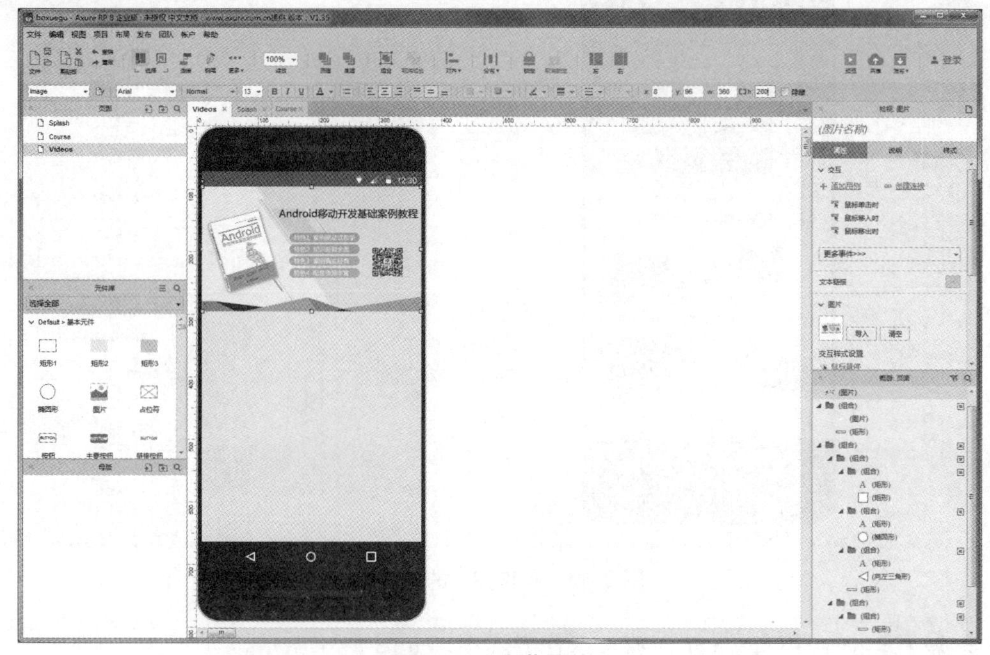

图 2-32　章节图片

步骤2 接下来制作界面切换按钮，当点击不同按钮时，按钮会更改选中状态，同时相应的界面内容也会随之改变。由于这个按钮具有动态效果，因此可以用动态面板来实现。首先将文本标签拖入工作区域，设置宽高为 180×40，字体大小为 18，字体颜色为白色，背景颜色为蓝色，如图 2-33 所示。

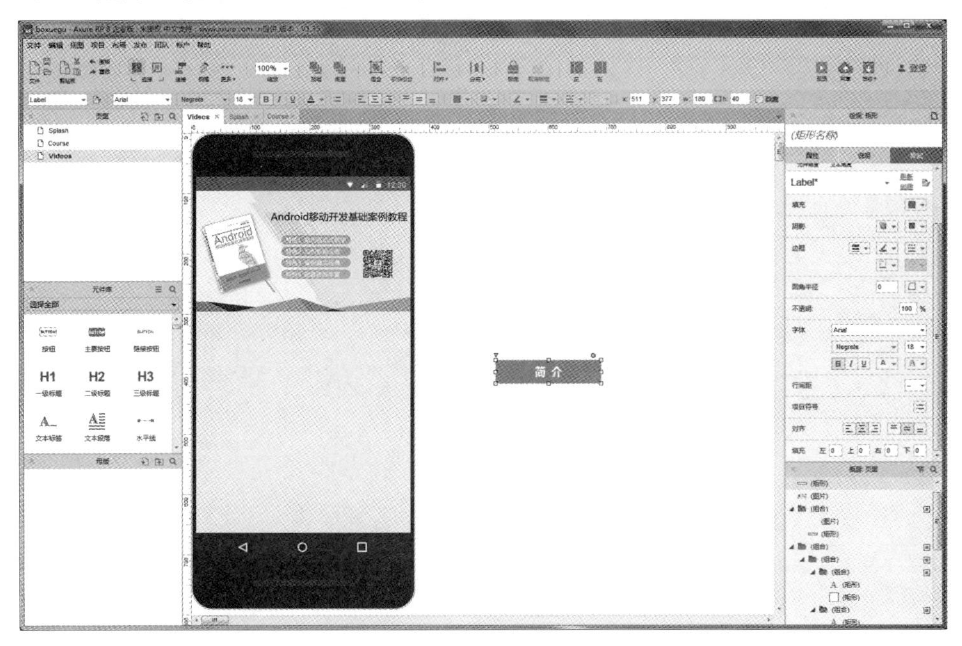

图 2-33 简介文本

步骤3 将文本标签元件转换为动态面板，设置动态面板的名称，以便之后的使用，如图 2-34 所示。

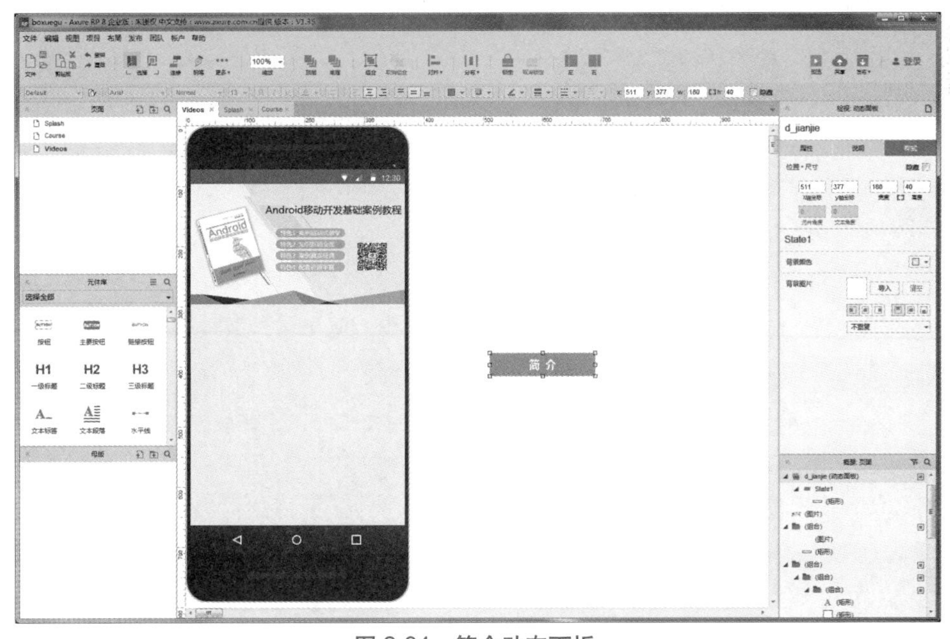

图 2-34 简介动态面板

步骤 4 复制 State1，制作未选中状态下的文本标签。在 State2 中将文本标签背景修改为白色，字体颜色修改为黑色，如图 2-35 所示。

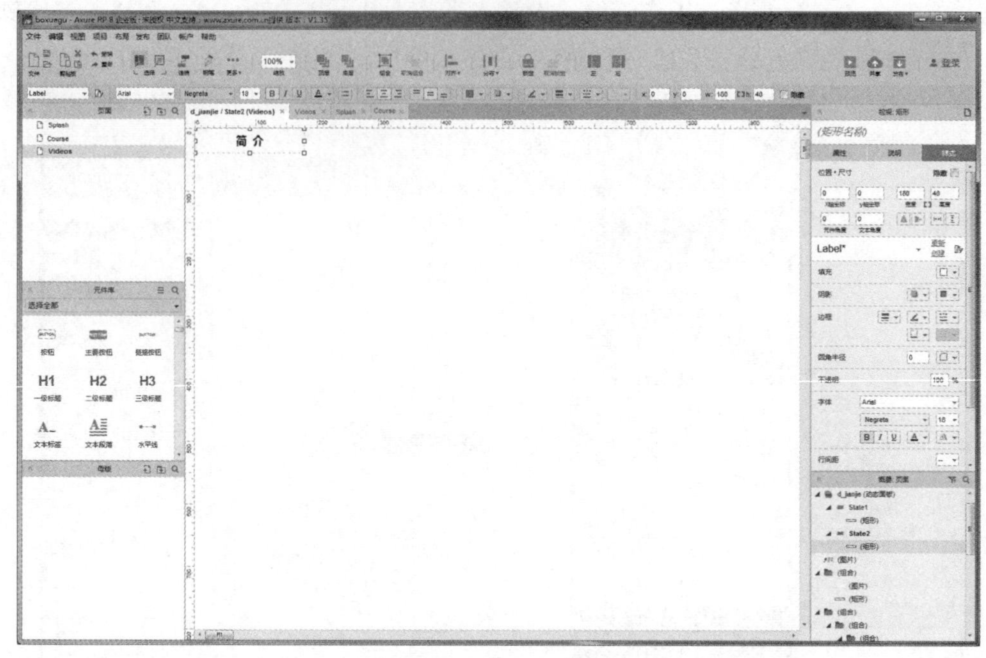

图 2-35　State2 面板

步骤 5 将动态面板放入原型图中，如图 2-36 所示。

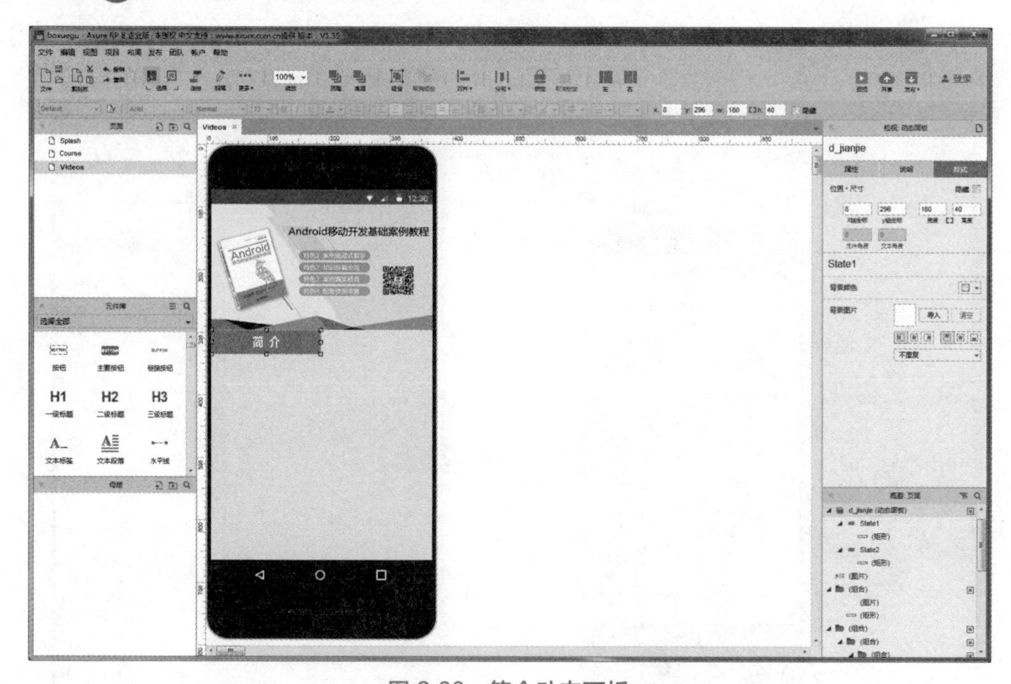

图 2-36　简介动态面板

步骤 6 将简介动态面板进行复制并命名，制作视频动态面板。需要注意的是，视频界面默认在未选中状态，因此视频动态面板中的 State1 需要使用白色背景色，文字颜色为黑色，如图 2-37 所示。

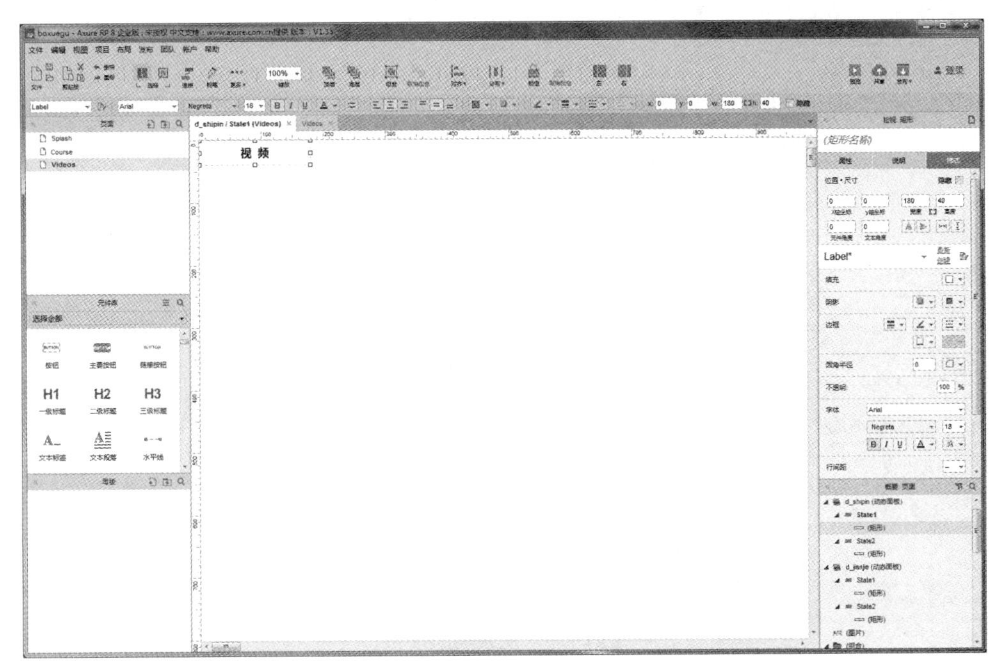

图 2-37　视频动态面板（State1）

步骤 7 将视频动态面板中的 State2 文本标签的背景颜色设为蓝色，字体颜色设为白色，如图 2-38 所示。

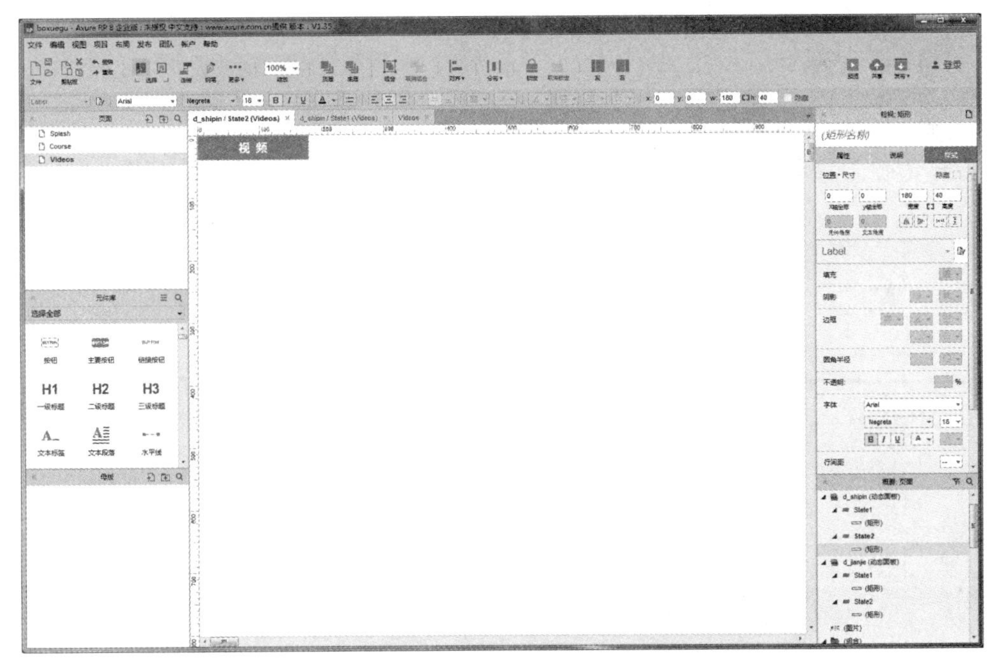

图 2-38　视频动态面板（State2）

步骤 8 将视频动态面板放入原型图中，如图 2-39 所示。

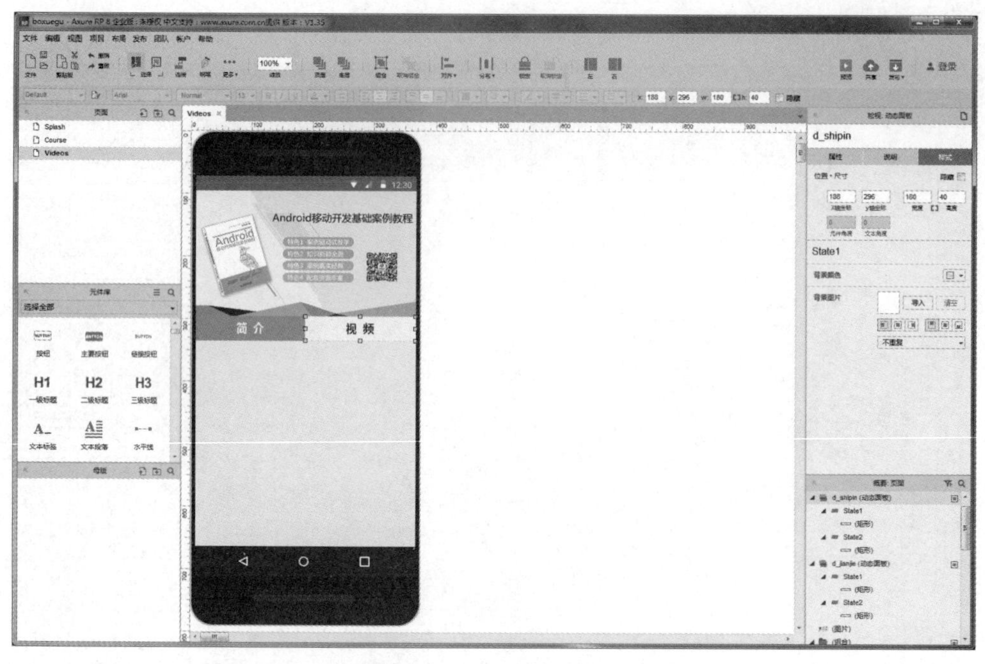

图 2-39 视频动态面板

步骤 9 为简介动态面板添加交互事件，当点击“简介”时，简介按钮处于选中状态，即简介动态面板的 State1 状态，视频按钮处于未选中状态，即视频动态面板的 State1 状态，如图 2-40 所示。

图 2-40 “简介”点击事件

步骤 10 为视频动态面板添加交互事件，当点击“视频”时，视频按钮处于选中状态，即视频动态面板的 State2 状态，简介按钮处于未选中状态，即简介动态面板的 State2 状态，如图 2-41 所示。

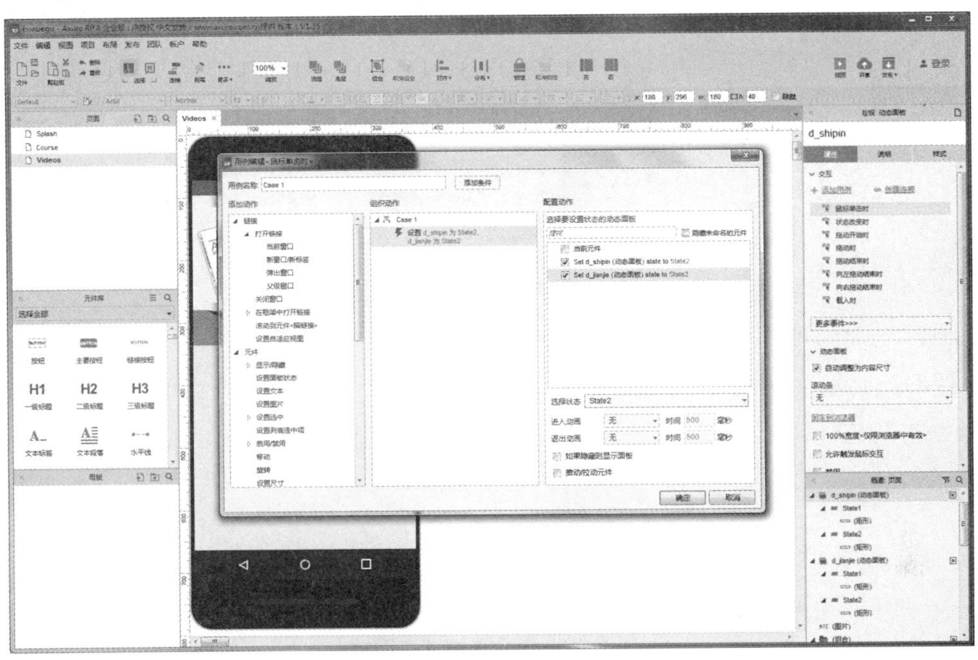

图 2-41　“视频”点击事件

步骤 11 制作简介展示部分，将文本标签拖入原型图，设置宽高为 360×328，字体大小为 14，背景颜色为白色，行间距为 20，如图 2-42 所示。

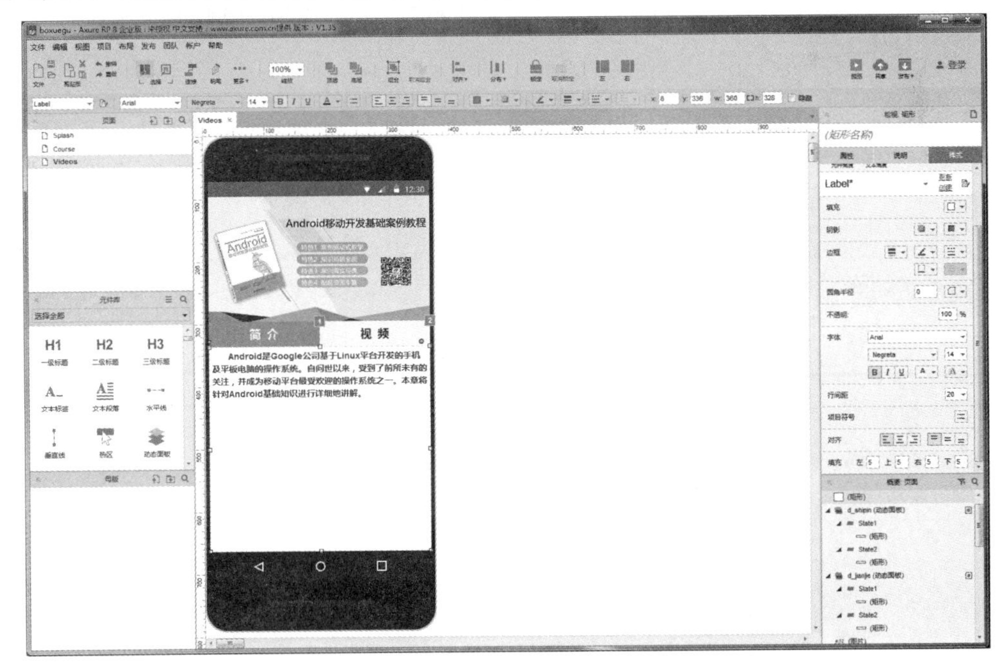

图 2-42　简介详情

步骤⑫ 由于在点击“简介”按钮或“视频”按钮时，会分别切换到简介界面和视频列表界面，因此也可以将此部分制作成动态面板，并重命名动态面板，如图 2-43 所示。

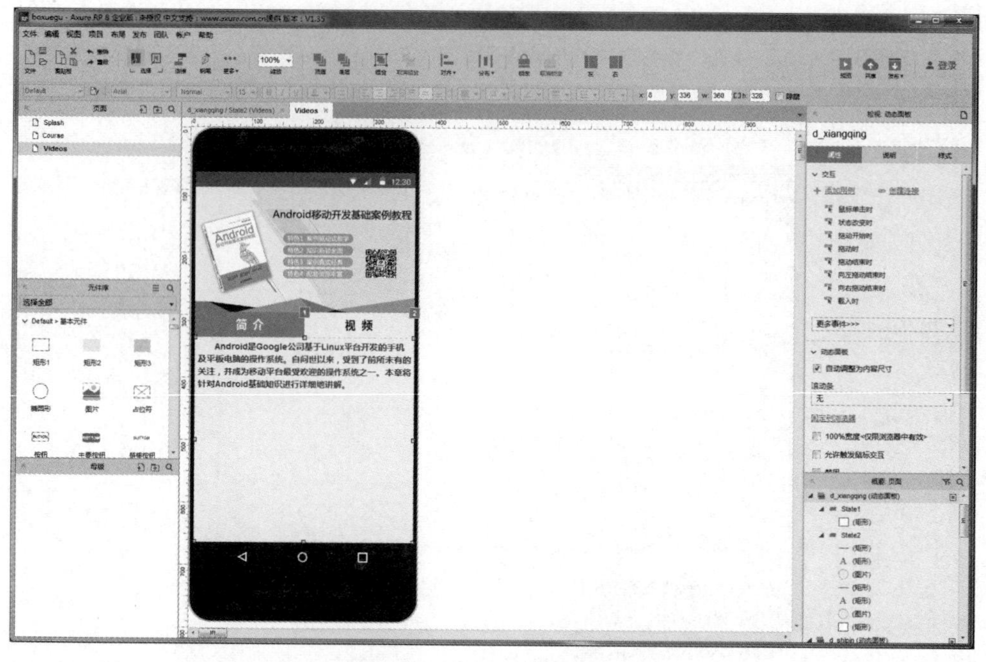

图 2-43　简介详情动态面板

步骤⑬ 复制动态面板 State1，在 State2 中制作视频列表。首先将图片元件拖入原型图中，用于设置视频选项图，设置宽高为 25×25，如图 2-44 所示。

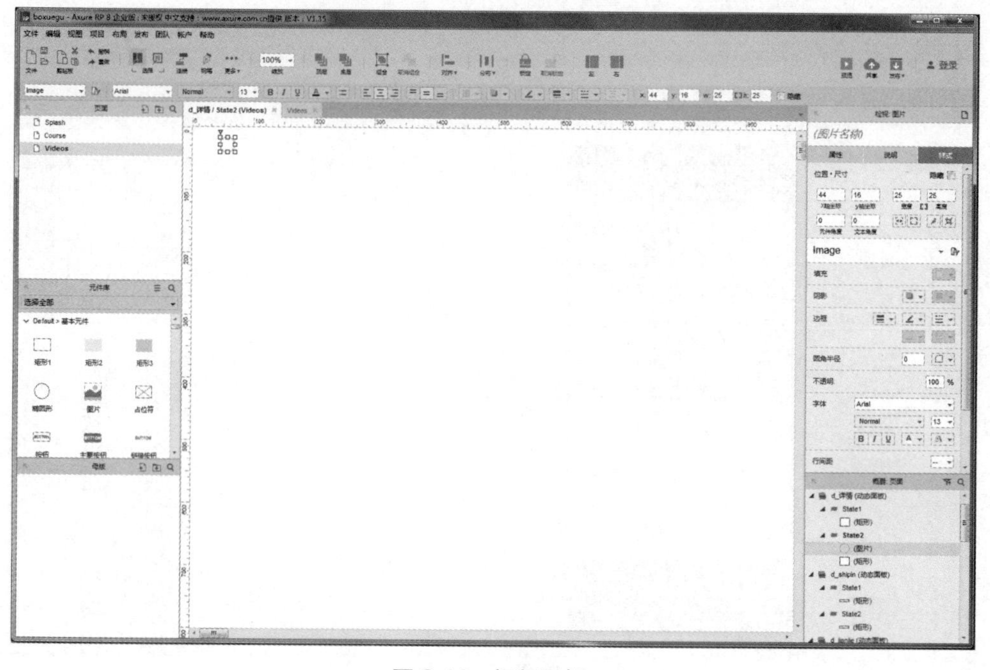

图 2-44　视频图标

步骤14 将文本标签拖入工作区域，用于显示视频名称，设置宽高为 290×50，字体大小为 16，垂直居中，如图 2-45 所示。

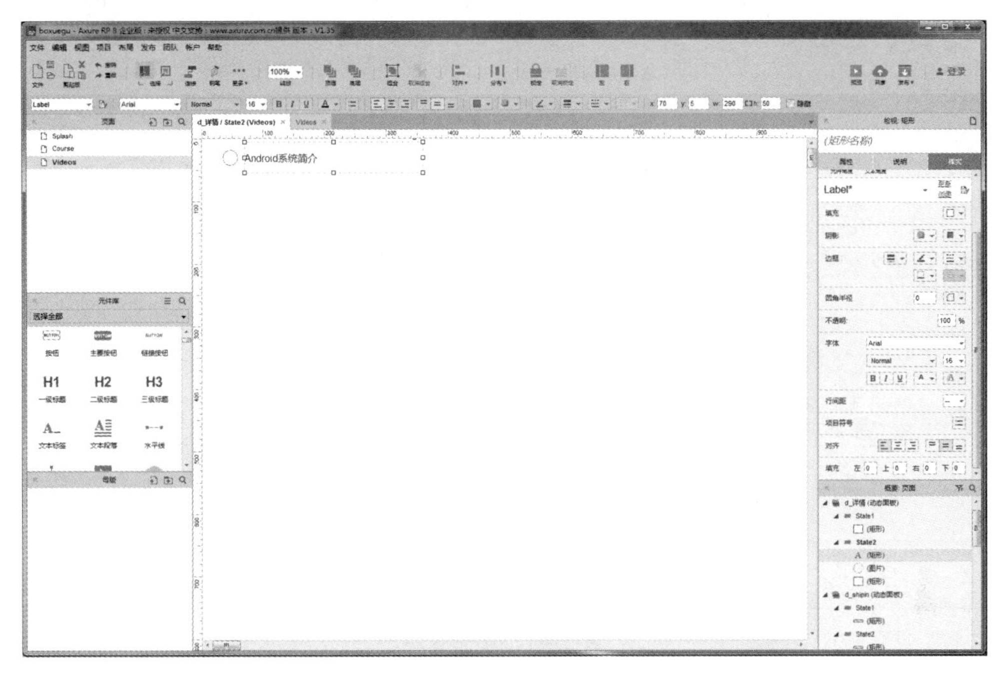

图 2-45 视频名称

步骤15 将矩形元件拖入工作区域，设置宽高为 340×1，背景颜色为灰色，与视频名称元件底部对齐，如图 2-46 所示。

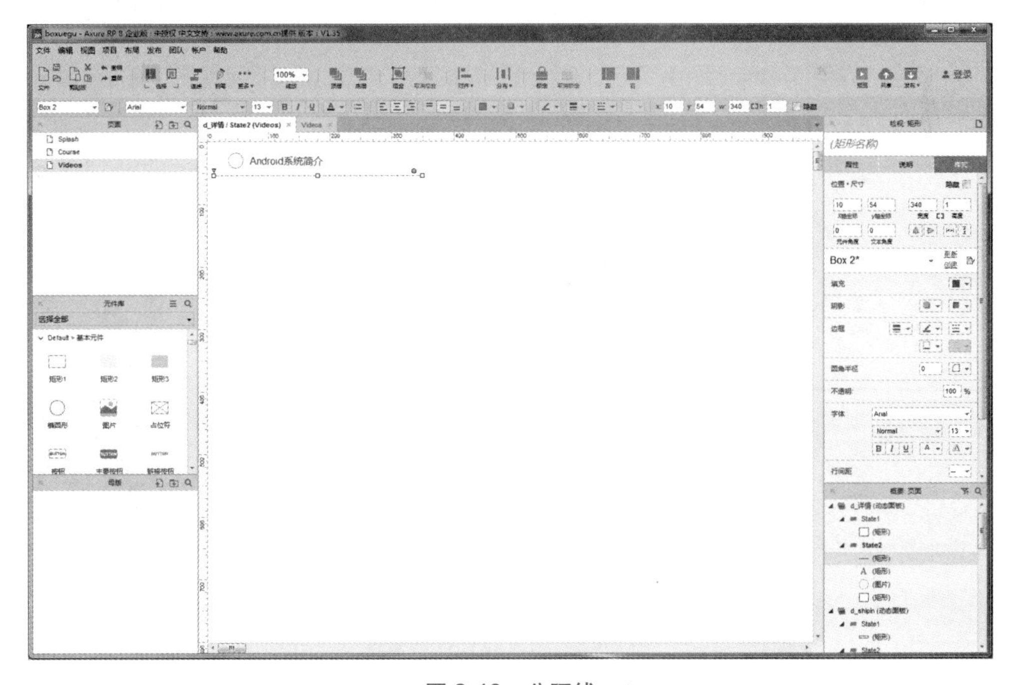

图 2-46 分隔线

步骤 16 完成本章视频列表，如图 2-47 所示。

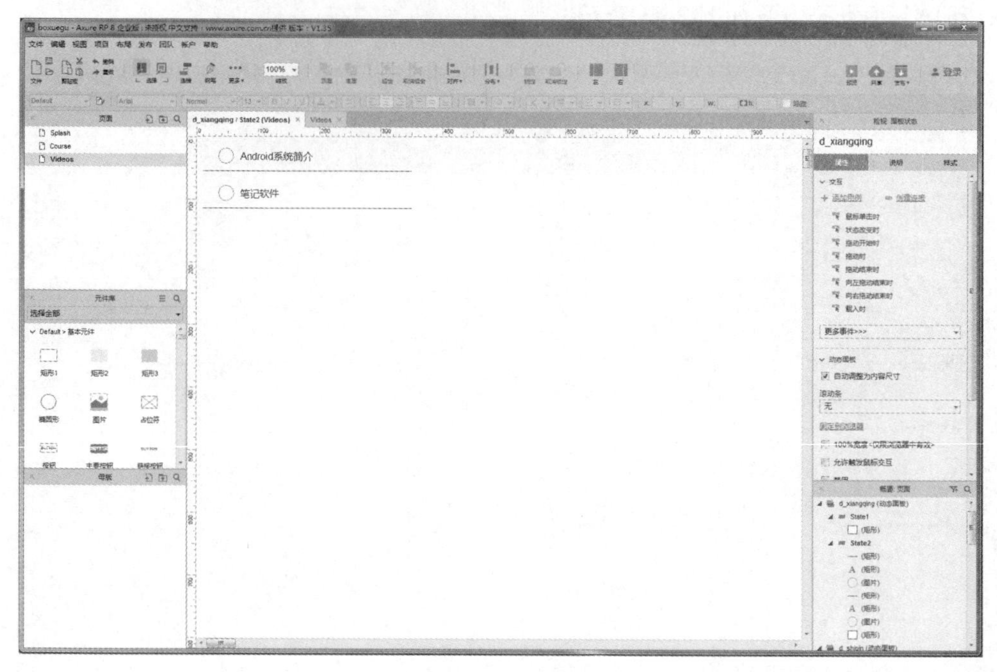

图 2-47　视频列表

步骤 17 修改简介动态面板的点击事件，当点击“简介”按钮时，将内容详情动态面板的状态设为 State1，如图 2-48 所示。

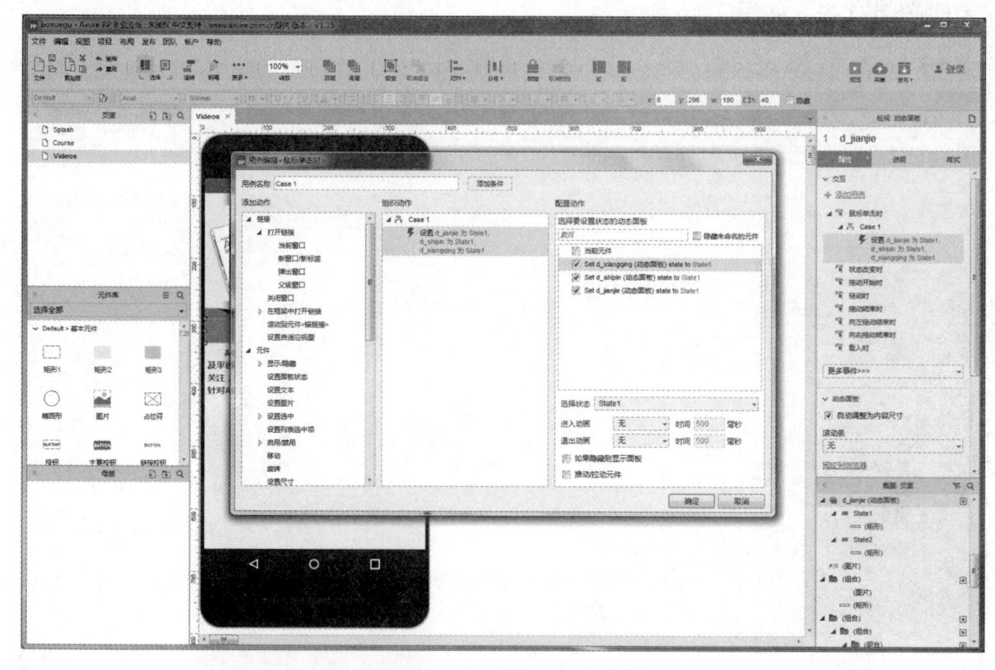

图 2-48　修改简介点击事件

步骤 18 修改视频动态面板的点击事件，当点击“视频”按钮时，将内容详情动态面板的状态设为 State2，如图 2-49 所示。

图 2-49 修改视频点击事件

2.2.7 添加课程列表的交互事件

课程详情界面制作完成后，还需要返回课程界面添加交互事件，当点击章节图片时跳转到相应的课程详情界面，此处以第 1 章课程为例来添加交互事件，如图 2-50 所示。

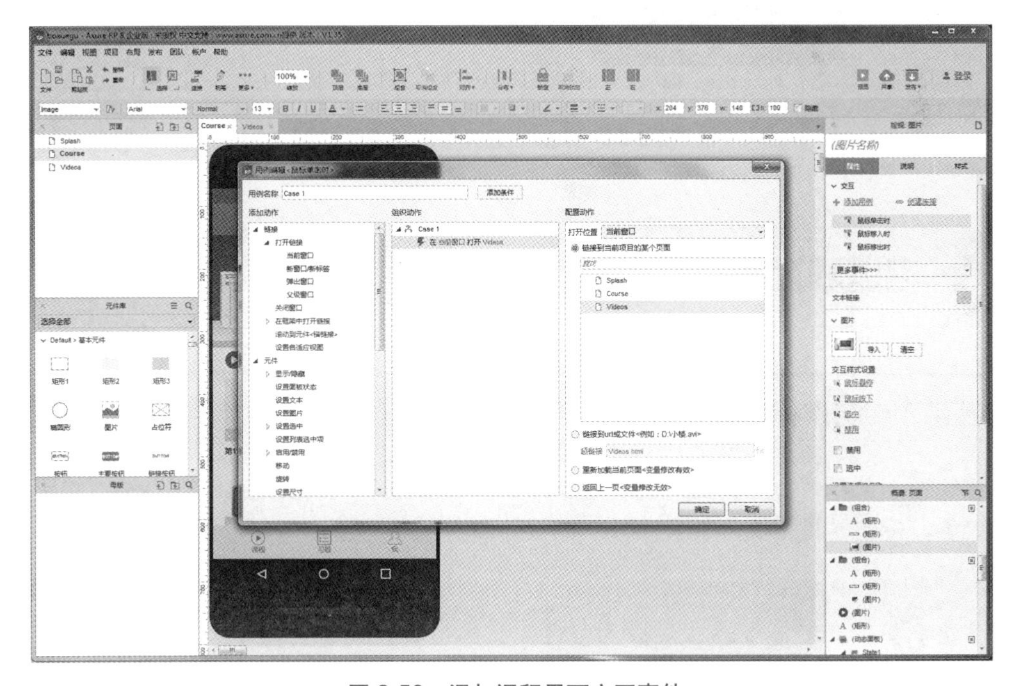

图 2-50 添加课程界面交互事件

2.2.8 添加欢迎界面的交互事件

至此，课程界面已经制作完成，接下来完成欢迎界面的自动跳转功能，设置欢迎界面的交互事件，让欢迎界面等待 3 秒自动进入课程界面。首先在欢迎界面中添加“载入时”事件，设置等待时间为 3000 毫秒，然后再设置当前窗口中打开课程界面，如图 2-51 所示。

图 2-51 添加欢迎界面交互事件

2.3 习题界面

2.3.1 制作标题栏

步骤 1 创建新页面，命名为“Exercises”，拖入手机外框及系统状态栏，将背景设置为白色，标题栏可用文本标签实现，将文本框拖入工作区，并将宽高设置为 360×50，如图 2-52 所示。

步骤 2 将文本标签的背景设为蓝色，文本位置设为垂直居中和水平居中，字号设置为 20，文字颜色设为白色，如图 2-53 所示。

图 2-52　标题栏

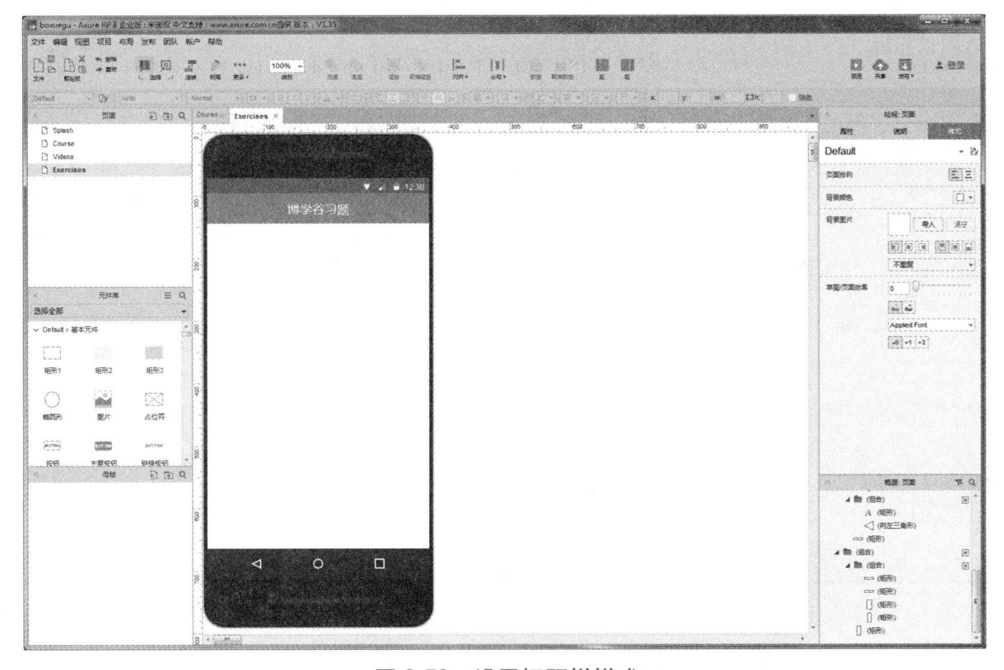

图 2-53　设置标题栏样式

2.3.2　制作习题列表界面

步骤 1 首先制作习题列表中的一个选项，从元件库中拖入一个矩形，设置宽高为 360×70，并在矩形中编写两行文本，其中第一行文本是章节名称，字号为 14，字体加粗；第二行文本是习题数量，字号为 12，字体颜色为 #999999，如图 2-54 所示。

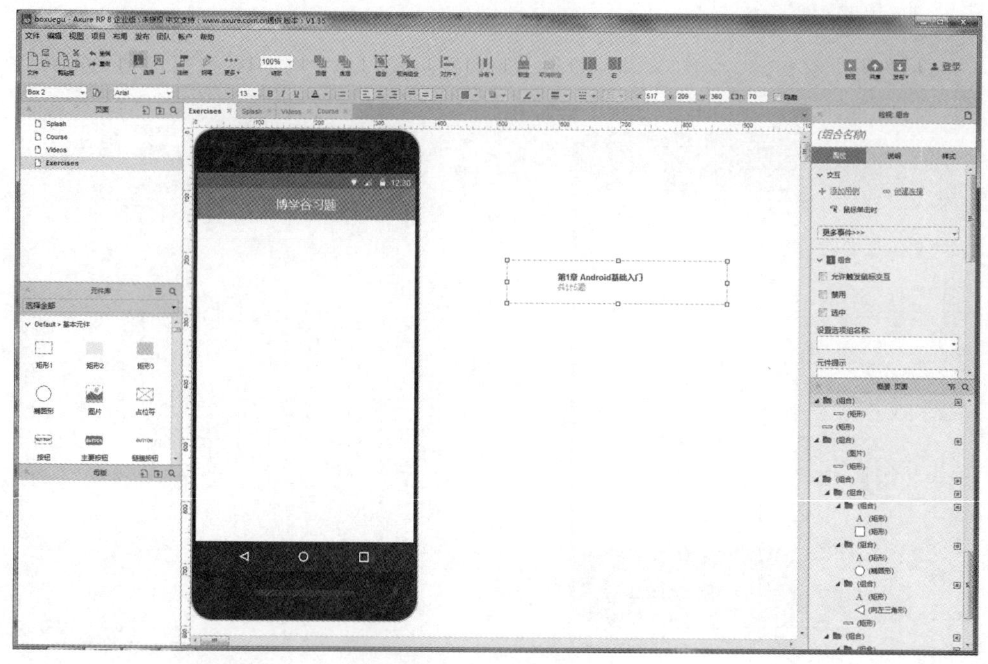

图 2-54　习题列表文本

步骤 2 由于每个选项之前都有编号，因此首先放入一个图片元件，并导入相应图片，如图 2-55 所示。

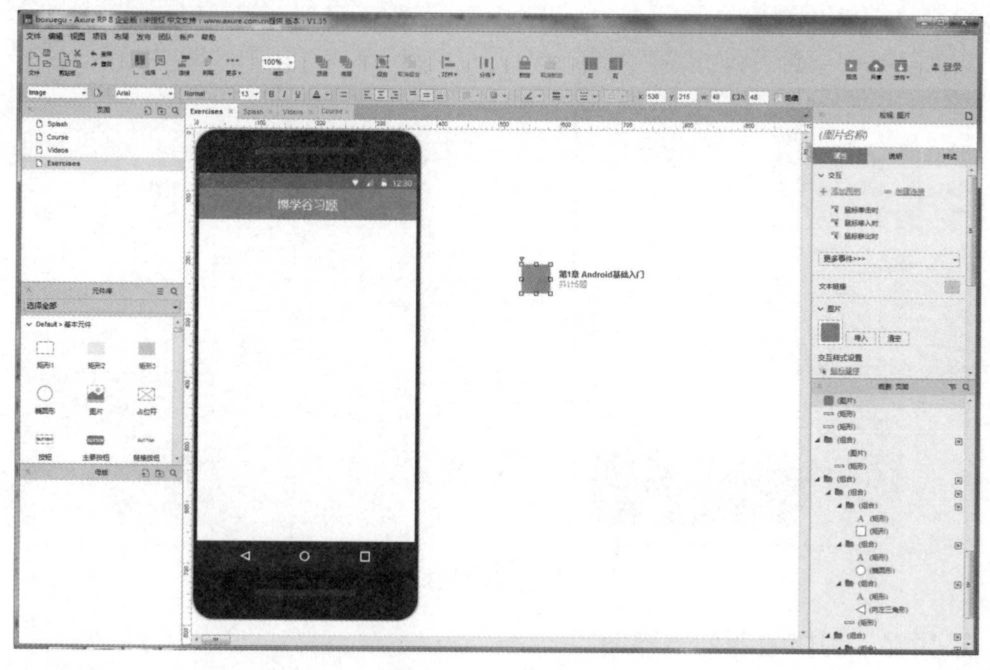

图 2-55　章节图标

步骤 3 拖入文本标签放置在图片中间，显示章节编号，并将文本大小设置为 14，文本颜色设置为 #FFFFFF，如图 2-56 所示。

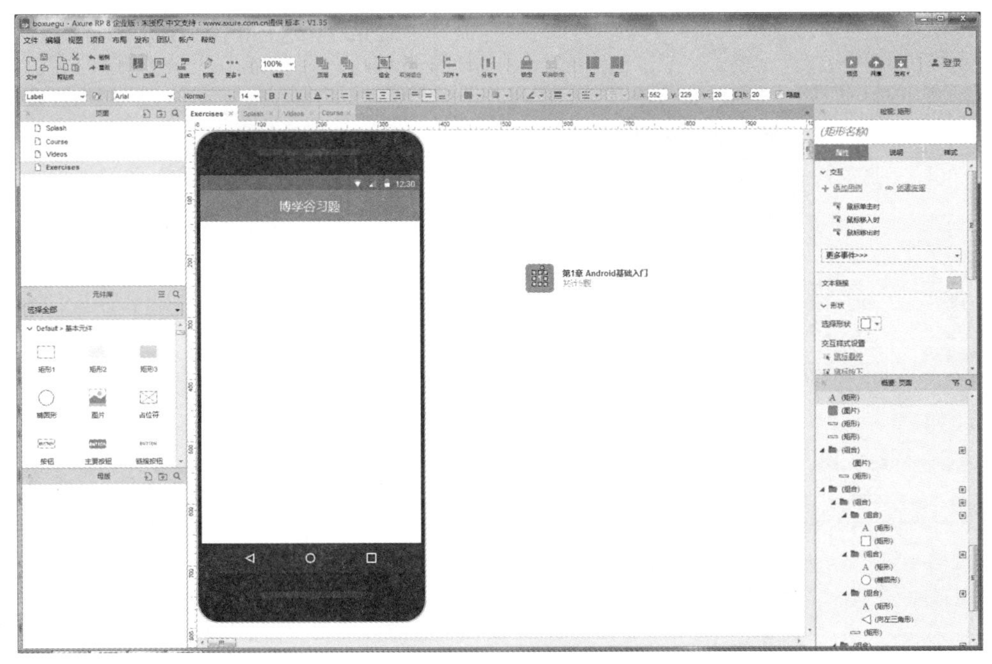

图 2-56　章节编号

步骤4 在习题列表中，每一个条目之间会有一条灰色的分隔线，这个分隔线可以通过矩形实现。将矩形高度设为 1，并将矩形填充色设置为灰色，如图 2-57 所示。

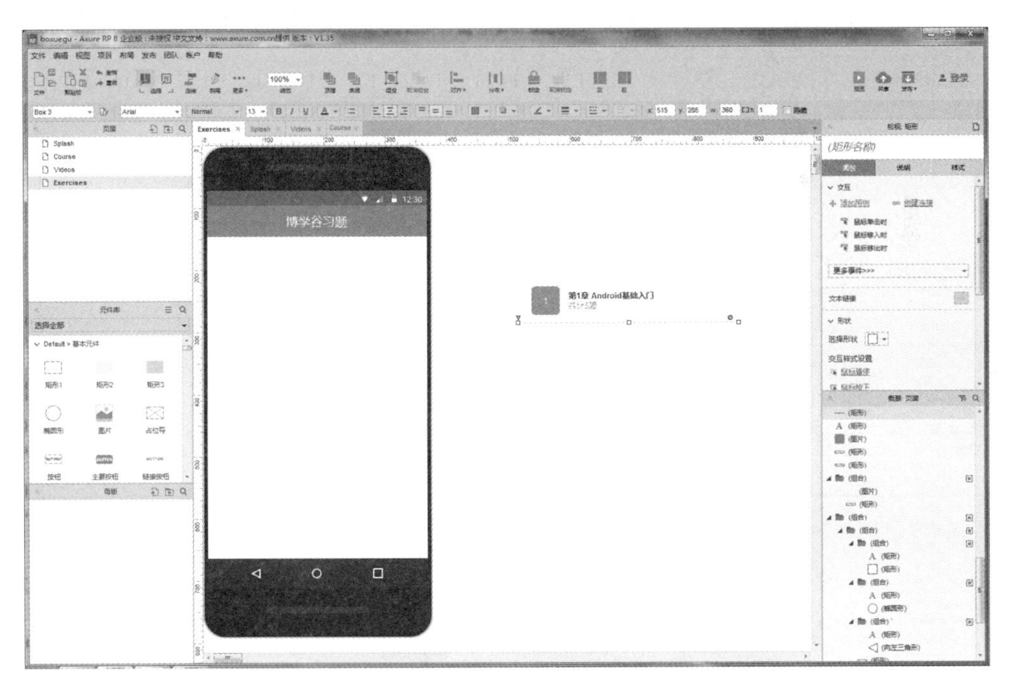

图 2-57　分隔线

步骤5 由于每个条目的内容基本相同，因此可将条目内容与分隔线制作成母版或者进行组合，本项目将其进行组合使用，之后将条目放入原型图中，如图 2-58 所示。

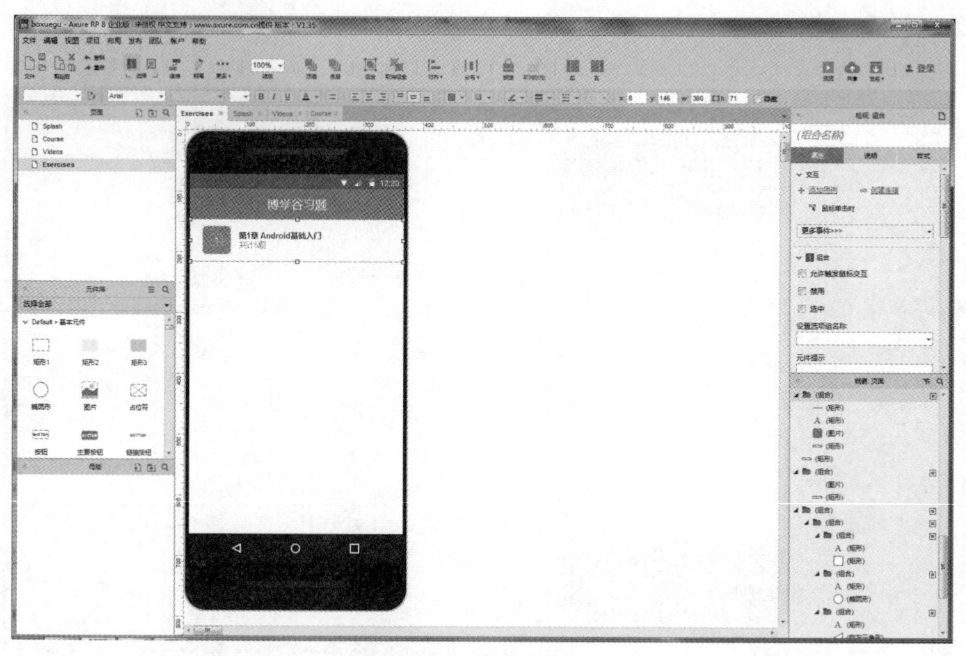

图 2-58　章节条目

步骤 6 将第一个条目组合进行复制，修改其中的文本内容并更改章节图片，完成习题列表的制作，如图 2-59 所示。

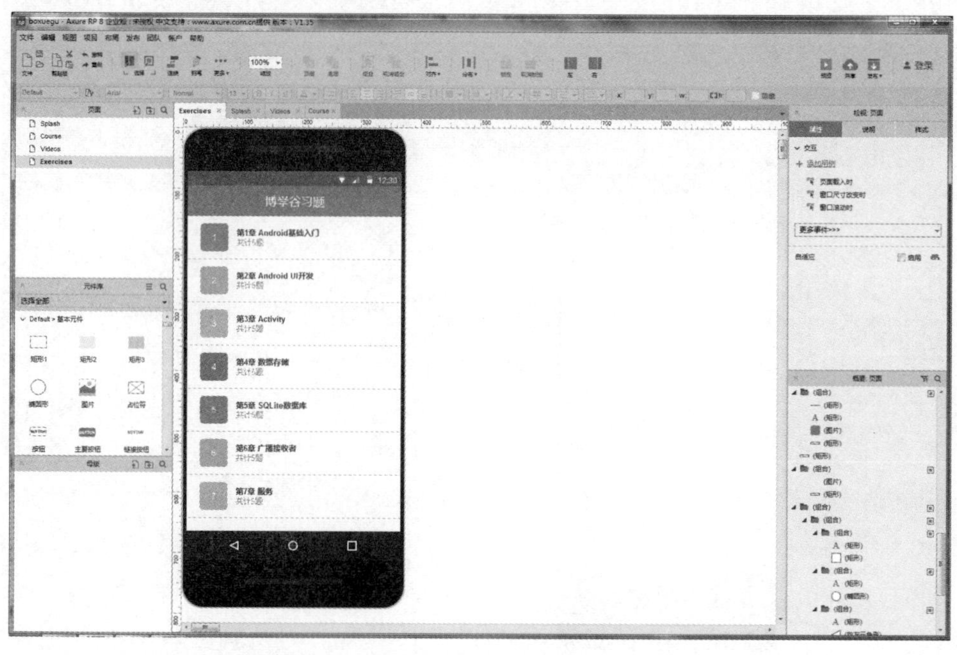

图 2-59　习题列表

2.3.3　修改底部导航栏

步骤 1 将导航栏放入原型图中，由于当前界面处于习题界面，因此需要更换图片以及修改文本颜色，将其置于选中状态，如图 2-60 所示。

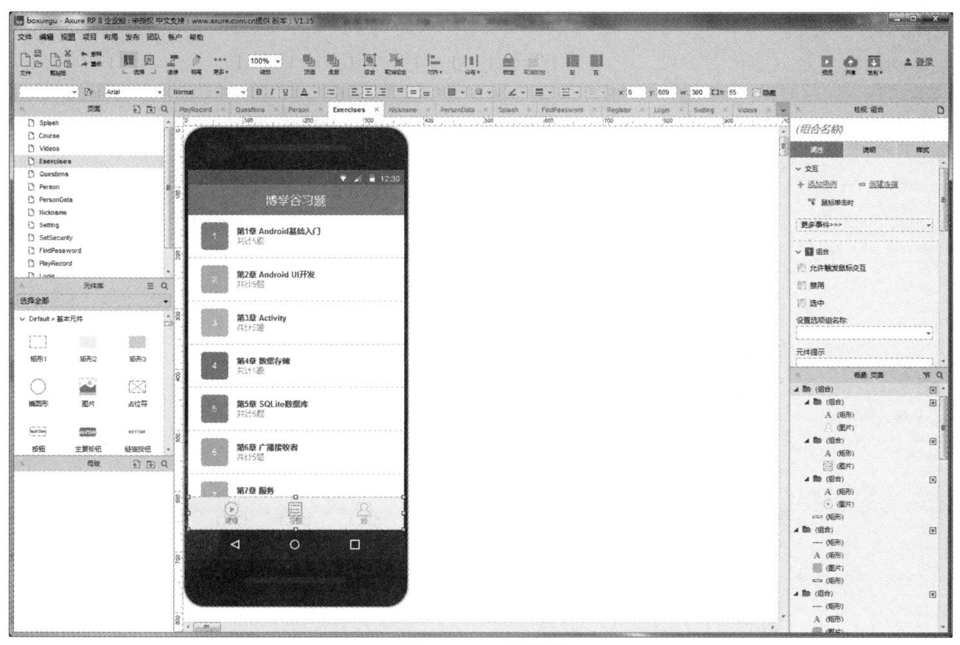

图 2-60 导航栏

步骤 2 在导航栏中，点击不同按钮可以切换到不同界面。为了能够切换到课程界面，还需给“课程”按钮添加交互事件，点击课程按钮时在当前窗口中打开课程界面，如图 2-61 所示。

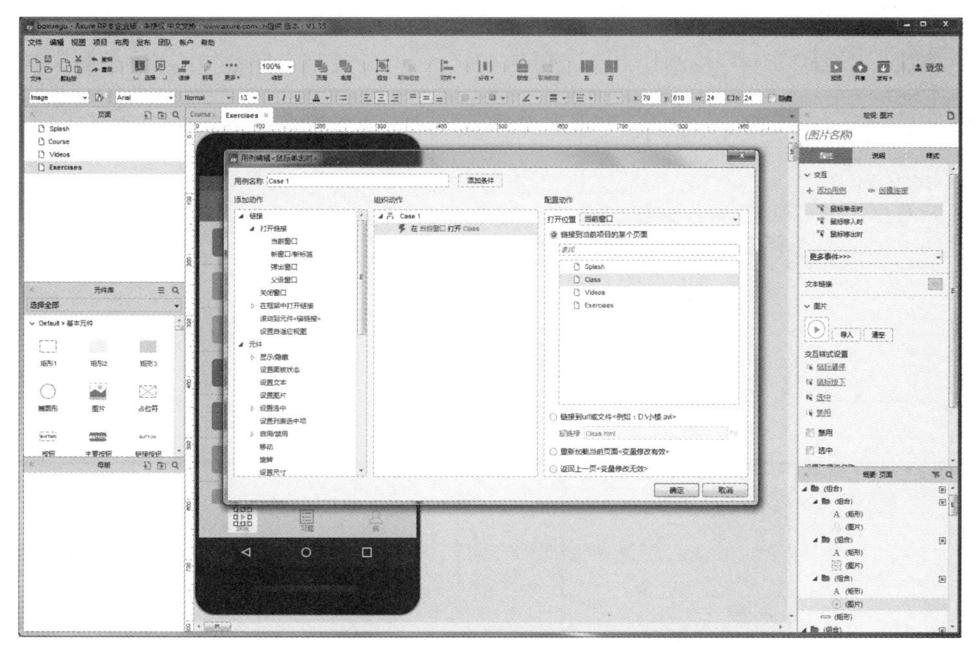

图 2-61 “课程”按钮点击事件

2.3.4 制作习题详情界面导航栏

步骤 1 创建页面，命名为“Questions”，将手机外框及系统状态栏放入工作区域，拖入一个矩形元件，设置宽高为 360×50，将矩形背景设置为蓝色，文本颜色设置为白色，如图 2-62 所示。

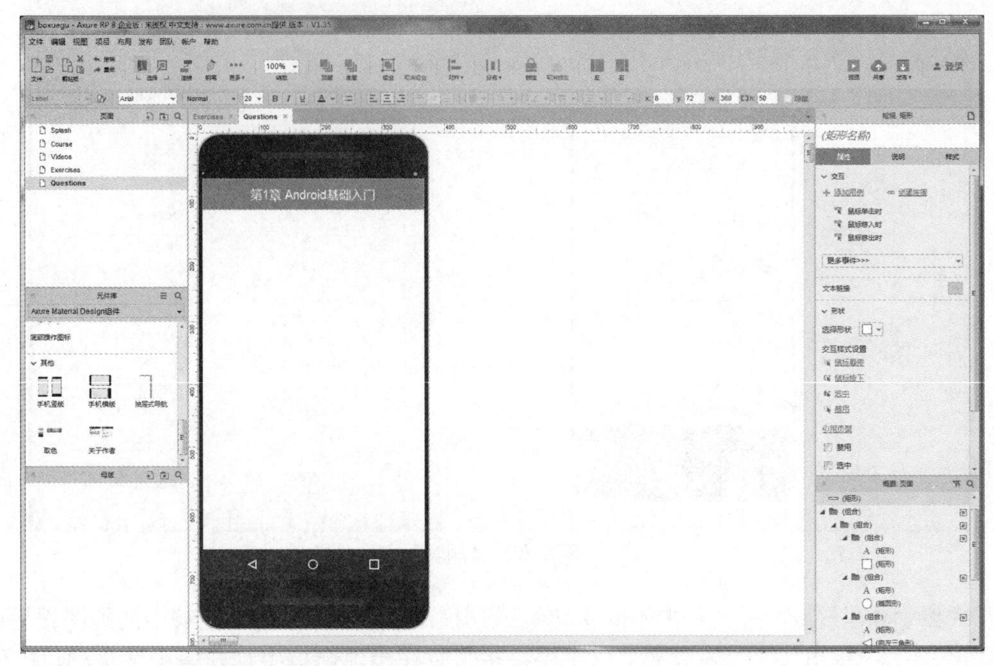

图 2-62　标题栏

步骤 2 在标题栏左侧有一个返回按钮，点击返回按钮跳转到习题列表界面。首先向原型图中拖入一个图片元件，将图片宽高设置为 40×40，之后添加返回按钮图片，如图 2-63 所示。

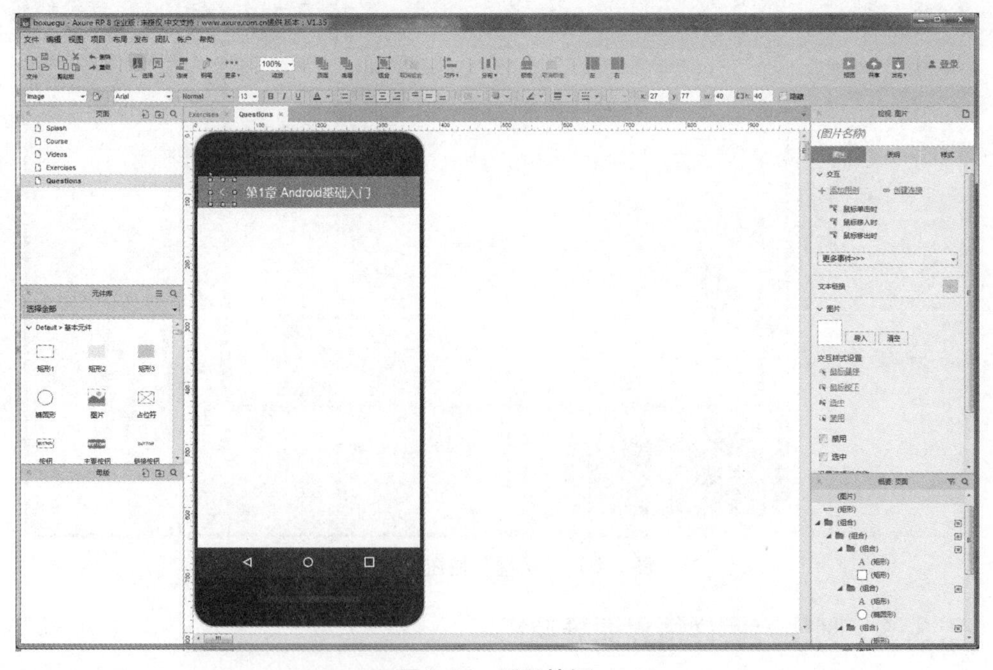

图 2-63　返回按钮

步骤3 为返回按钮添加交互事件，当点击返回按钮时跳转到习题列表界面，如图 2-64 所示。

图 2-64　返回按钮点击事件

2.3.5　制作习题详情界面

步骤1 制作题型栏。将文本标签拖入原型图中，设置宽高为 360×40，背景颜色设置为白色，对齐方式设置成左对齐，字号设置为 16，如图 2-65 所示。

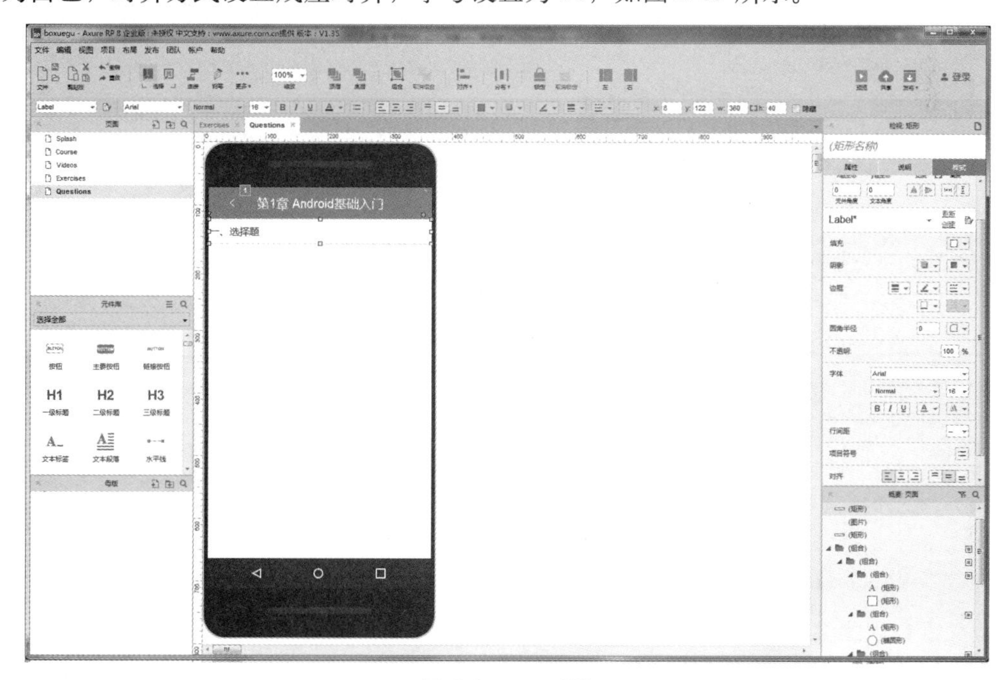

图 2-65　题型栏

步骤 2 制作习题内容部分。拖入文本标签元件，设置宽高为 360×60，将背景颜色设置为白色，对齐方式设置成左对齐，字号设置为 13，如图 2-66 所示。

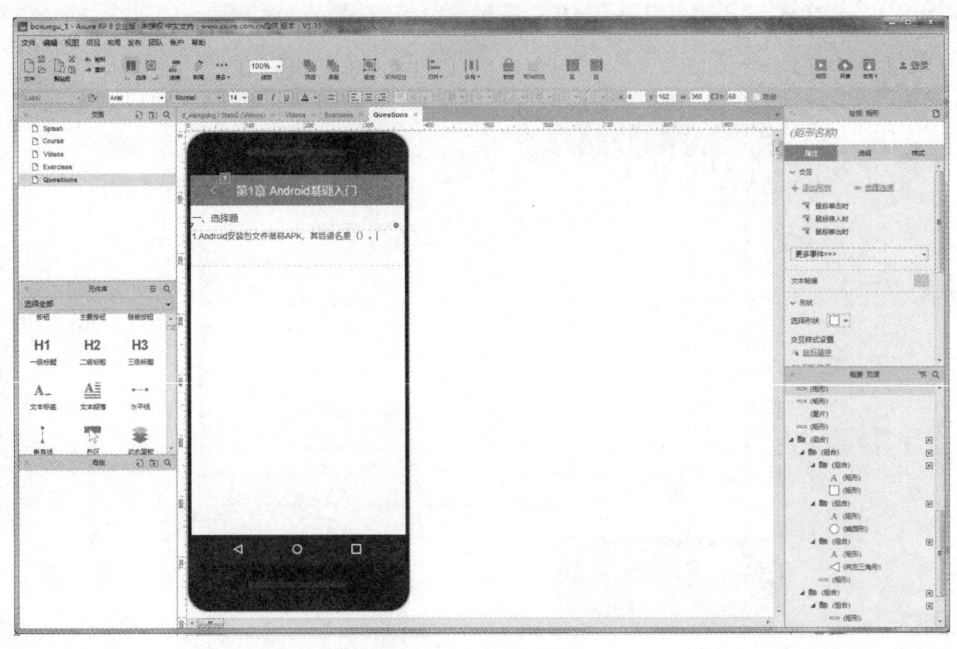

图 2-66　习题内容

步骤 3 制作试题选项部分。首先制作选项内容，将文本标签拖入工作区域并设置宽高为 290×40，垂直居中，如图 2-67 所示。

图 2-67　选项内容

步骤 4 制作选项图标。将图片元件拖入工作区并命名，设置宽高为 40×40，导入选项未选中时的图片，放置于选项内容左侧，如图 2-68 所示。

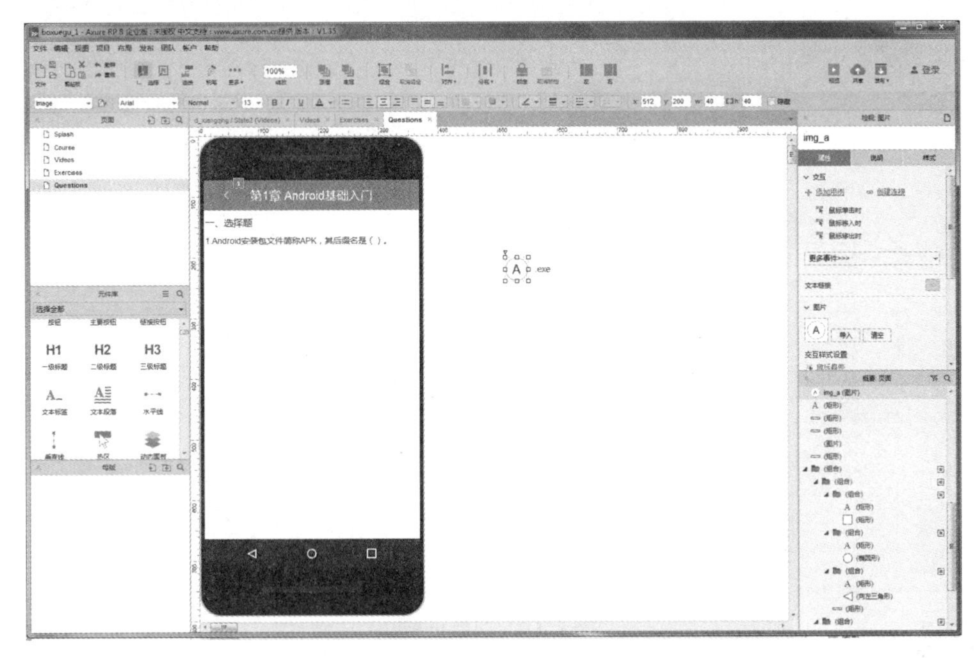

图 2-68　选项图片

步骤 5 将图片与矩形进行组合，以便之后的使用，将选项放置于原型图中，使右侧对齐，如图 2-69 所示。

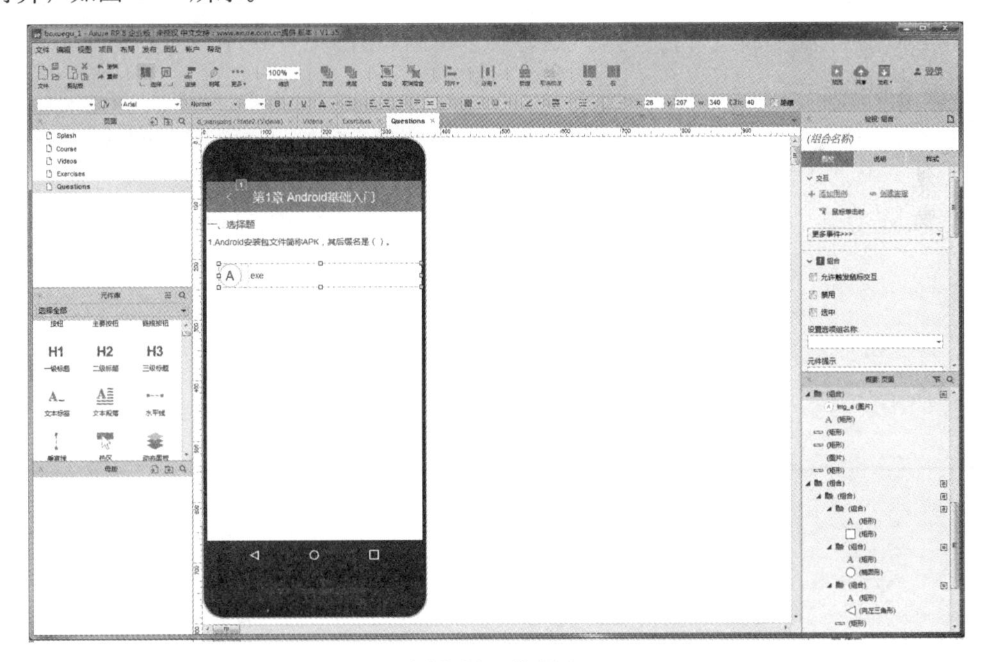

图 2-69　选项 A

步骤 6 通过复制第一个选项组合，制作其他三个选项，更换选项图片及选项内容，并设置每个选项的名称，如图 2-70 所示。

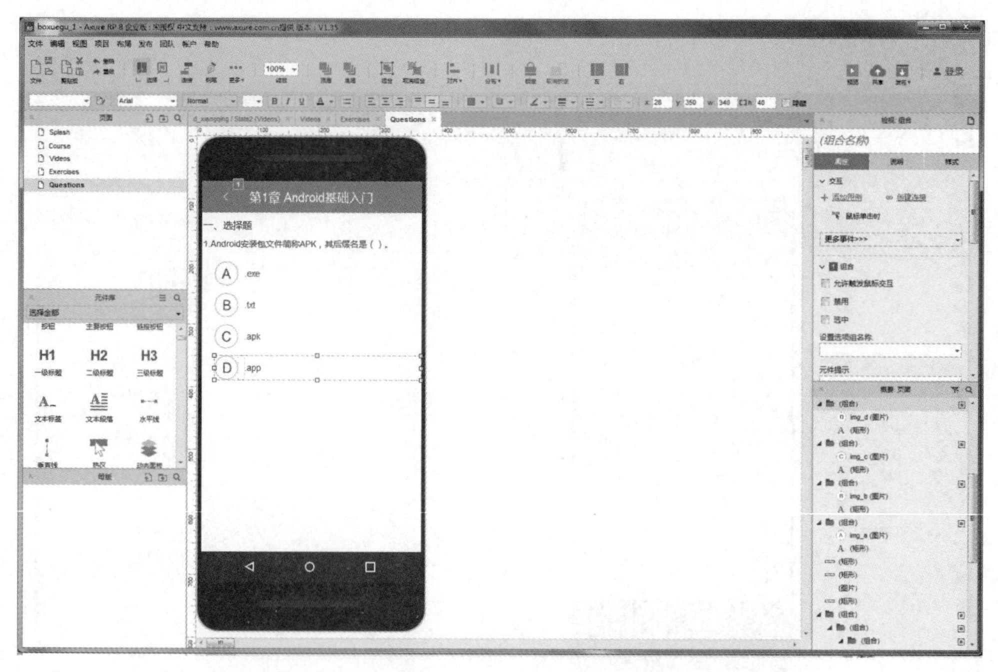

图 2-70　习题选项

2.3.6　添加选项的交互事件

在做选择题时，会出现两种交互情况，当选择正确答案时，选项会显示选择正确且其他选项不能被选择；当选择错误选项时，会在该选项处显示错误图片，同时会显示正确的选项，其余选项不能被选择。接下来添加选择正确时的交互事件（以选项“C”为例）。

步骤 1 添加图片点击事件，当选择答案“C”时，将选项图片变成正确图片，如图2-71所示。

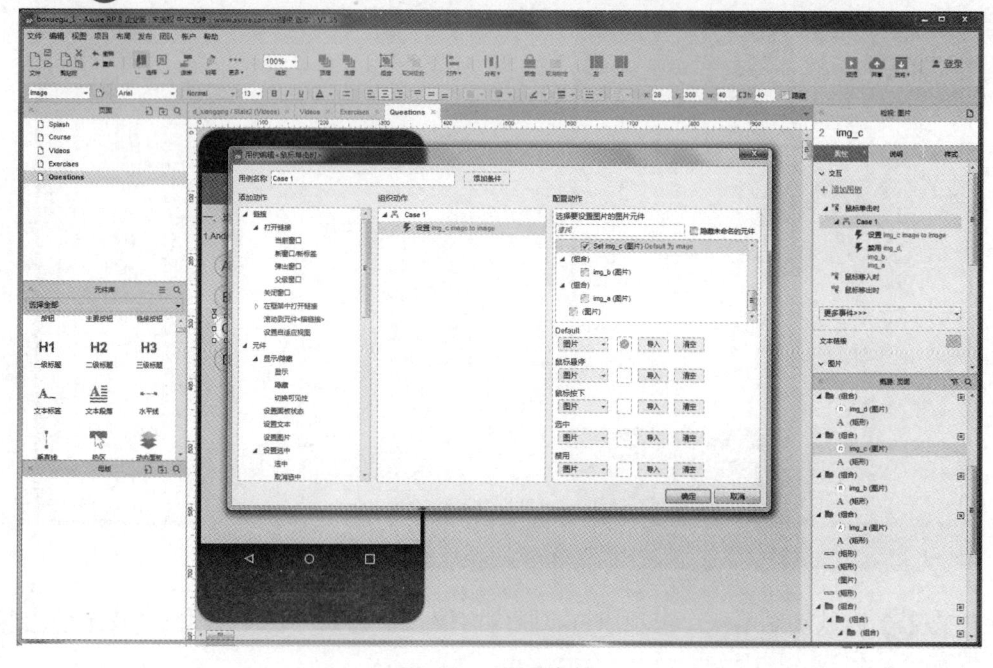

图 2-71　交互事件

步骤 2 选择一个选项之后其他三个选项不能够再被选择，因此将其他三个选项设为禁用状态，如图 2-72 所示。

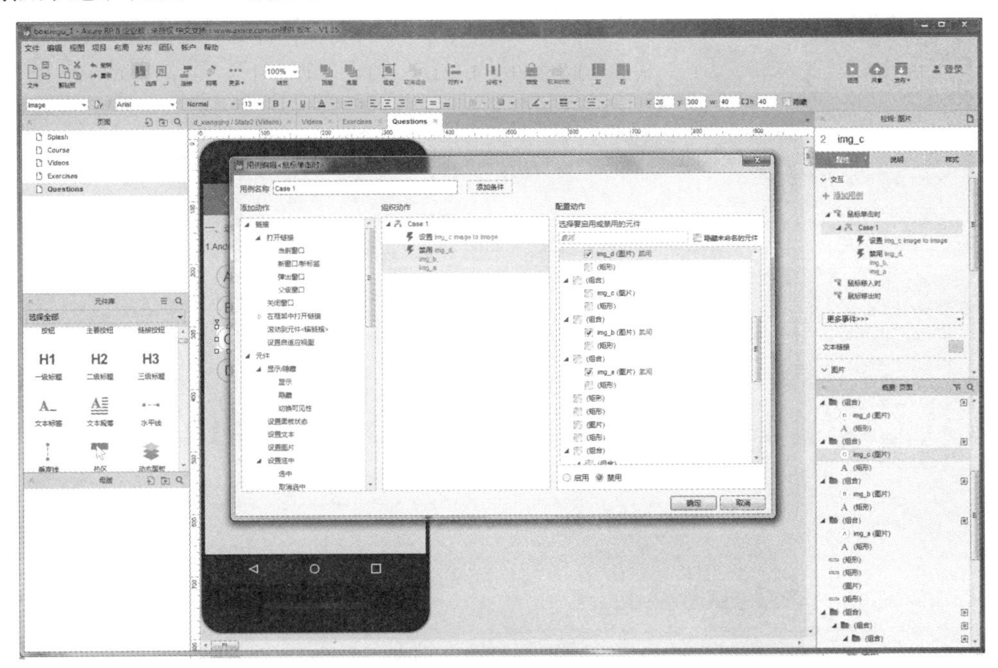

图 2-72 禁用其他选项

至此，选择正确时的交互事件添加完毕，接下来添加选择错误时的交互事件（以选项“A”为例）。

步骤 3 当选择错误选项时，首先该选项的图标变成错误图标，如图 2-73 所示。

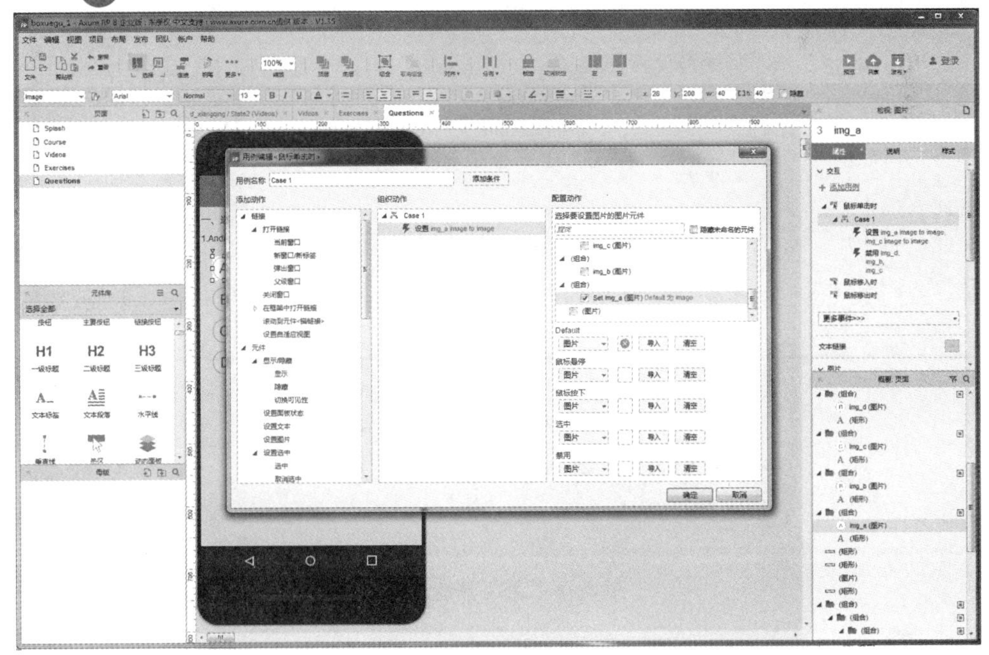

图 2-73 交互事件

步骤 4 选择错误选项时还需要将正确选项“C”的图标修改为正确图标，如图 2-74 所示。

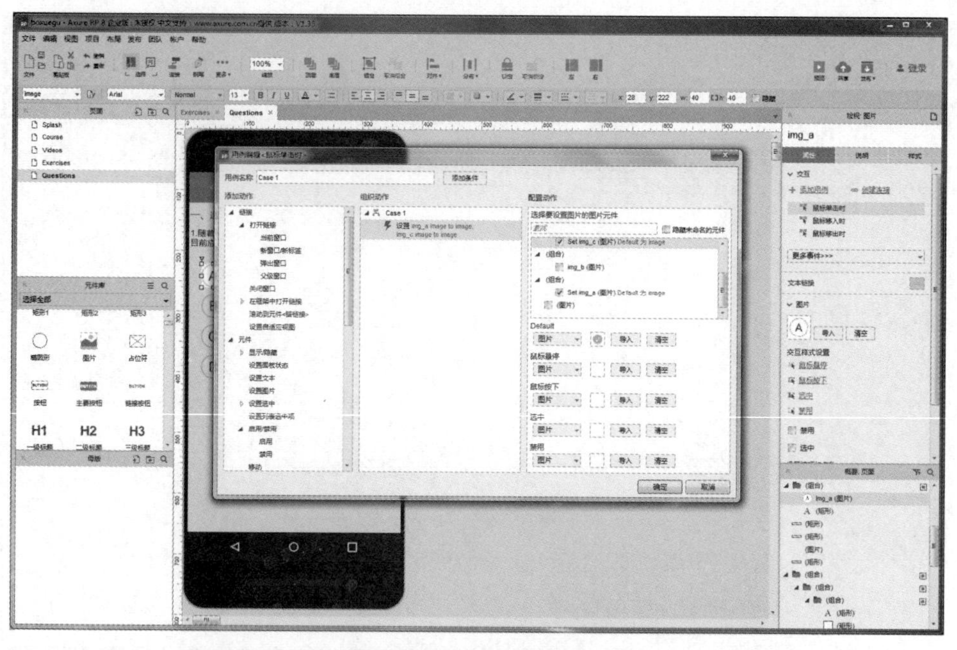

图 2-74 设置正确图标

步骤 5 在选择选项之后，其他选项不能够再次被选中，因此需要禁用其他选项，如图 2-75 所示。

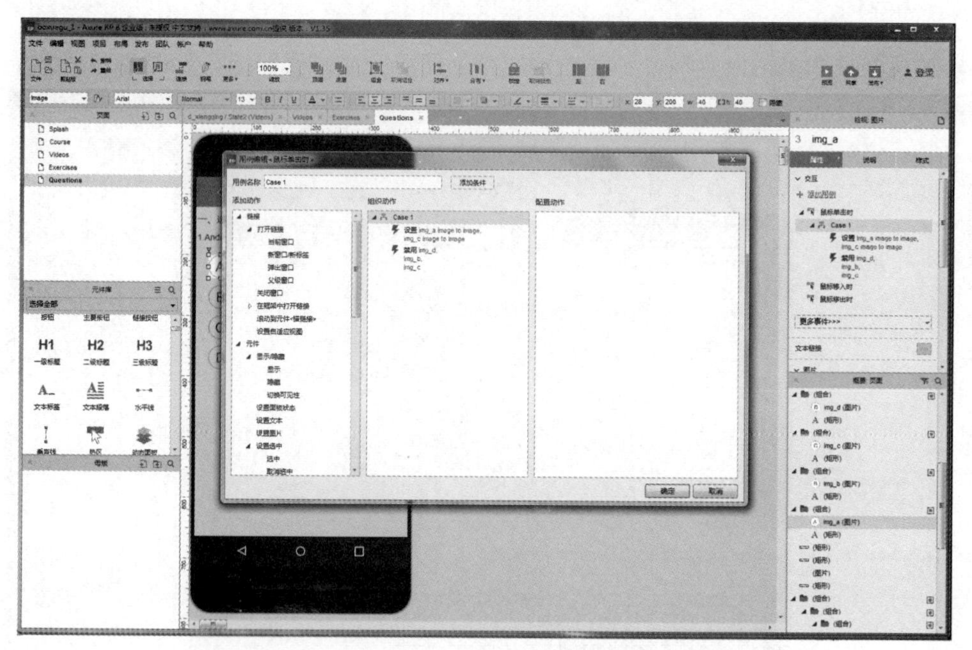

图 2-75 禁用其他选项

步骤 6 按照上述步骤，添加所有选项的交互事件，如图 2-76 所示。

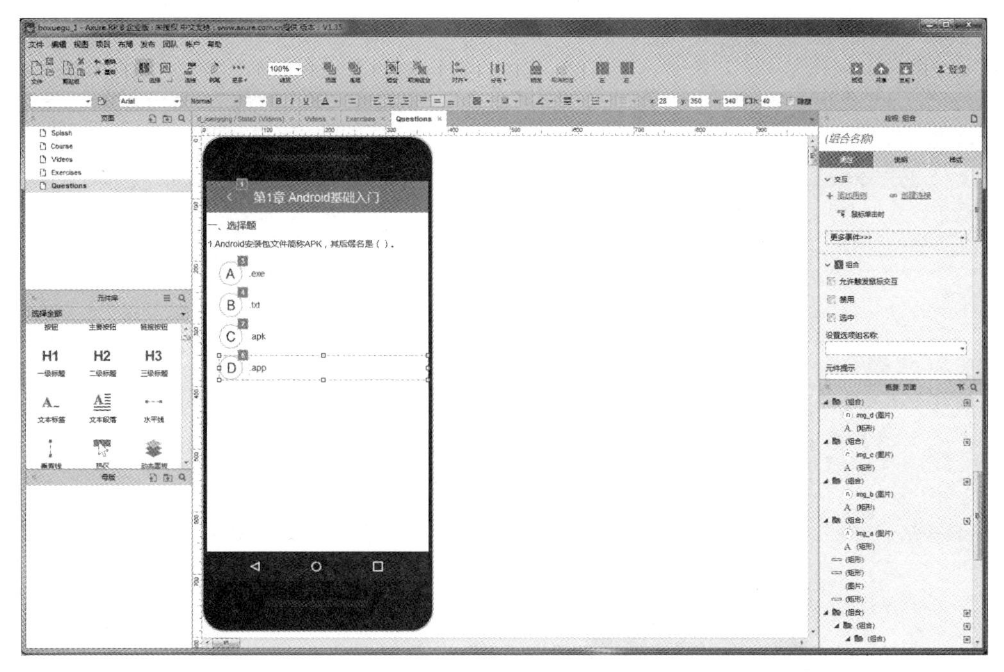

图 2-76 完成所有交互事件

步骤 7 再放置一个练习题，完成习题详情界面内容，并设置选项的交互事件，如图 2-77 所示。

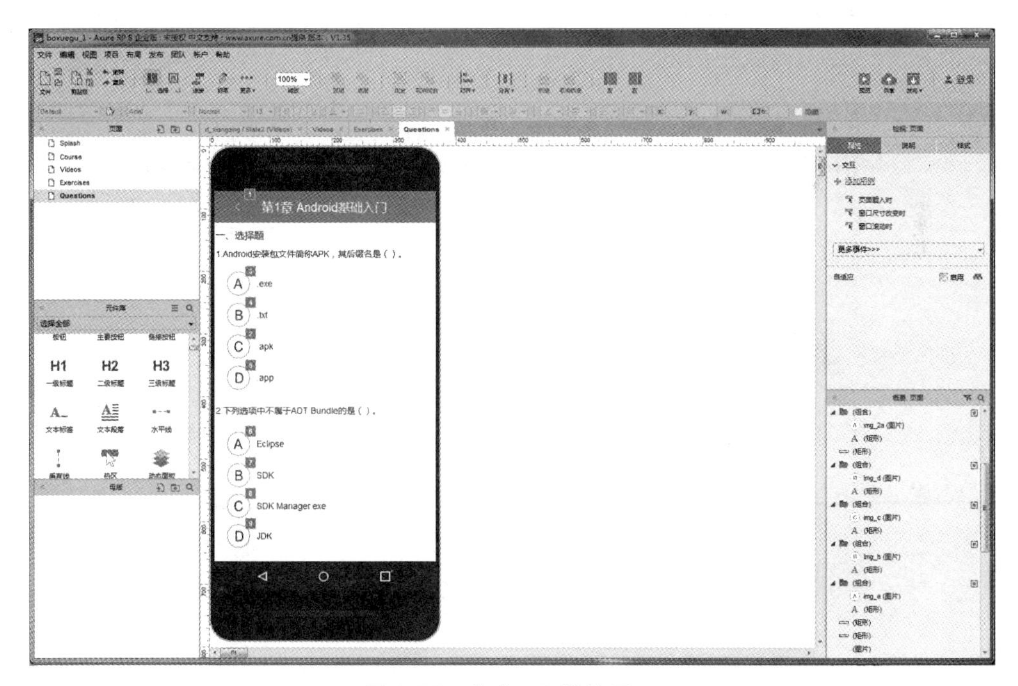

图 2-77 完成习题详情界面

2.3.7 添加习题列表的交互事件

在习题列表中点击每一章的条目时会跳转到相应的习题详情界面，因此需要为习题列表的每一个条目添加交互事件。以第 1 章条目为例，添加点击事件，如图 2-78 所示。

图 2-78　添加习题列表交互事件

2.3.8　添加底部导航栏的交互事件

在课程界面点击导航栏中的习题按钮会跳转到习题界面，因此需要在“习题”按钮上添加鼠标点击的交互事件，如图 2-79 所示。

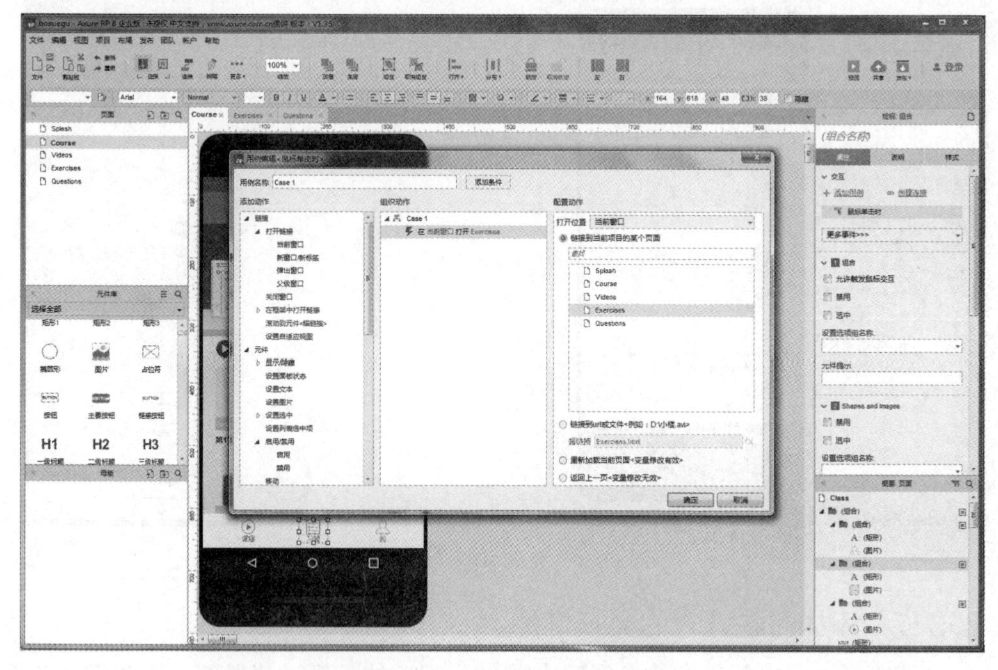

图 2-79　添加课程界面交互事件

至此，课程界面与习题界面设计完成。读者可自行为底部导航栏的其他按钮添加交互事件，添加方式与上述一致，不再赘述。

小　结

本章主要讲解了博学谷项目的界面设计，其中以欢迎界面、课程界面、习题界面3个界面为主，按照步骤分别实现。在界面设计的过程中，读者需要重点掌握动态面板的使用，以及交互事件的使用，因为这部分知识在原型图设计的过程中经常使用，非常重要。

【思考题】

1. 如何使用动态面板制作轮播图？
2. 如何设置选择题的选项点击事件？

第3章 注册与登录模块

学习目标

◎掌握欢迎界面的开发，能够独立制作欢迎界面；

◎掌握注册和登录模块的开发，能够实现用户登录功能。

博学谷项目的注册与登录模块主要用于创建用户账号和管理用户信息。用户注册成功后会跳转到登录界面，用户登录后可以修改密码以及设置密保，且只有设置过密保的账户才可以找回密码。本章将针对注册与登录模块进行详细讲解。

3.1 欢迎界面

综述

在实际开发中，开启应用程序时首先会呈现一个欢迎界面，用于展示产品 Logo 或展示广告等，接下来将创建博学谷项目的欢迎界面。博学谷项目的欢迎界面由 RelativeLayout 布局和一个 TextView 控件组成，其中 RelativeLayout 的背景图片用于展示产品 Logo，TextView 控件用于展示程序版本号。

【知识点】

◎布局文件的创建与设计；

◎ RelativeLayout 布局、TextView 控件；

◎ Timer 与 TimerTask。

【技能点】

◎实现 Android 项目的创建；

◎通过 Timer 实现界面延迟跳转；

◎通过 PackageManager 获取程序版本号。

【任务 3-1】欢迎界面的实现

【任务分析】

博学谷项目的欢迎界面效果如图 3-1 所示。

图 3-1 欢迎界面

【任务实施】

（1）创建项目

首先创建一个工程，将其命名为 BoXueGu，指定包名为 com.boxuegu。

（2）导入界面图片

将欢迎界面所需要的背景图片 launch_bg.png 导入 drawable 文件夹中，将项目的 icon 图标 app_icon.png 导入 mipmap 文件夹中的 mipmap-hdpi 中。mipmap 文件夹通常用于存放应用程序的启动图标，它会根据不同手机分辨率对图标进行优化，其他图片资源要放到 drawable 文件夹中。将图片复制到 mipmap 文件夹时会弹出一个对话框，显示 mipmap-hdpi、mipmap-mdpi、mipmap-xhdpi、mipmap-xxhdpi、mipmap-xxxhdpi 五个文件夹，按照分辨率不同选择合适的文件夹存放图片即可。

（3）创建欢迎界面

在程序中选中 com.boxuegu 包，在该包下创建一个 activity 包，然后在 activity 包中创建一个 Empty Activity 类，名为 SplashActivity，并将布局文件名指定为 activity_splash，具体代码如【文件 3-1】所示。

【文件 3-1】activity_splash.xml

```
1  <?xml version="1.0" encoding="utf-8"?>
2  <RelativeLayout xmlns:android="http://schemas.android.com/apk/res/android"
3      android:layout_width="match_parent"
4      android:layout_height="match_parent"
5      android:background="@drawable/launch_bg" >
6      <TextView
7          android:id="@+id/tv_version"
8          android:layout_width="wrap_content"
9          android:layout_height="wrap_content"
10         android:layout_centerInParent="true"
11         android:textColor="@android:color/white"
12         android:textSize="14sp"/>
13 </RelativeLayout>
```

上述代码中，通过 RelativeLayout 布局的 android:background 属性将布局背景设置成欢迎图片。在布局中放置一个 TextView 用于显示版本号信息，通过 android:layout_centerInParent="true" 属性将 TextView 置于父控件的中心位置。

（4）修改清单文件

每个应用程序都会有属于自己的 icon 图标，同样博学谷项目也会使用自己的 icon 图标，因此需要在 AndroidManifest.xml 的 <application> 标签中修改 icon 属性，引入博学谷图标，具体代码如下：

```
android:icon="@mipmap/app_icon"
```

项目创建后所有界面需要使用自定义的蓝色标题栏，因此需要在 <application> 标签中修改 theme 属性，去掉程序默认的标题栏，具体代码如下：

```
android:theme="@style/Theme.AppCompat.NoActionBar"
```

博学谷项目启动时，首先进入的是欢迎界面 SplashActivity 而不是系统默认的 MainActivity，因此需要将欢迎界面指定为程序默认启动界面。在配置文件中将 MainActivity 的 <intent-filter> 标签以及标签中的所有内容剪切到 SplashActivity 所在的 <activity> 标签中，具体代码如下：

```
<activity android:name=".activity.SplashActivity" >
    <intent-filter>
        <action android:name="android.intent.action.MAIN" />
        <category android:name="android.intent.category.LAUNCHER" />
    </intent-filter>
</activity>
```

【任务 3-2】欢迎界面逻辑代码

【任务分析】

欢迎界面主要展示产品 Logo 和版本信息，通常会在该界面停留一段时间之后自动跳转到其他界面，因此需要在逻辑代码中设置欢迎界面暂停几秒（本项目为 3 秒）后再跳转，并获取程序的版本号。

【任务实施】

（1）获取版本号

在 SplashActivity 中创建 init() 方法，在该方法中获取 TextView 控件，通过 PackageManager（包管理器）获取程序版本号（版本号是 build.gradle 文件中的 versionName 的值），并将其显示在 TextView 控件上。

（2）让界面延迟跳转

在 init() 方法中使用 Timer 以及 TimerTask 类设置欢迎界面延迟 3 秒再跳转到主界面（MainActivity 所对应的界面，此界面目前为空白页面），具体代码如【文件 3-2】所示。

【文件 3-2】SplashActivity.java

```
1  package com.boxuegu.activity;
2  import android.content.Intent;
3  import android.content.pm.ActivityInfo;
4  import android.content.pm.PackageInfo;
5  import android.content.pm.PackageManager;
6  import android.os.Bundle;
7  import android.support.v7.app.AppCompatActivity;
8  import android.widget.TextView;
9  import com.boxuegu.MainActivity;
10 import com.boxuegu.R;
11 import java.util.Timer;
12 import java.util.TimerTask;
13 public class SplashActivity extends AppCompatActivity {
14     private TextView tv_version;
15     @Override
16     protected void onCreate(Bundle savedInstanceState) {
17         super.onCreate(savedInstanceState);
18         setContentView(R.layout.activity_splash);
19         //设置此界面为竖屏
20         setRequestedOrientation(ActivityInfo.SCREEN_ORIENTATION_PORTRAIT);
21         init();
22     }
23     private void init(){
```

```
24          tv_version=(TextView) findViewById(R.id.tv_version);
25          try {
26              //获取程序包信息
27              PackageInfo info=getPackageManager().getPackageInfo(
                getPackageName(), 0);
28              tv_version.setText("V"+info.versionName);
29          }catch(PackageManager.NameNotFoundException e){
30              e.printStackTrace();
31              tv_version.setText("V");
32          }
33          //让此界面延迟3秒后再跳转，timer中有一个线程，这个线程不断执行task
34          Timer timer=new Timer();
35          //TimerTask类表示一个在指定时间内执行的task
36          TimerTask task=new TimerTask() {
37              @Override
38              public void run() {
39                  Intent intent=new Intent(SplashActivity.this,
                    MainActivity.class);
40                  startActivity(intent);
41                  SplashActivity.this.finish();
42              }
43          };
44          timer.schedule(task, 3000);    //设置这个task在延迟3秒之后自动执行
45      }
46  }
```

◎第 27、28 行代码首先通过 PackageManager 的 getPackageInfo() 方法获取 PackageInfo 对象，然后通过该对象的 versionName 属性获取程序的版本号，最后通过 setText() 方法将获取到的版本号设置到 TextView 控件上。

◎第 34 ~ 44 行代码的作用是让程序在欢迎界面停留 3 秒后跳转。在此段代码中主要用到两个类，分别为 Timer 类和 TimerTask 类，其中 Timer 类是 JDK（Java SE Development Kit，Java 开发工具包）中提供的一个定时器工具，使用时会在主线程之外开启一个单独的线程执行指定任务，任务可以执行一次或多次。TimerTask 类是一个实现了 Runnable 接口的抽象类，同时代表一个可以被 Timer 执行的任务，因此跳转到主界面的任务代码写在 TimerTask 的 run() 方法中。Timer 的 schedule() 方法是任务调度方法，在 3 秒之后调度 TimerTask 执行跳转操作，实现延迟跳转功能。

3.2 注册

综述

注册界面主要用于输入注册信息，在注册界面中用户需要输入用户名、密码、再次输入密码（确保密码输入无误），当点击“注册”按钮时进行注册。由于博学谷项目使用的是本地数据，因此注册成功后，需要将用户名和密码保存在 SharedPreferences 中，以便于后续用户登录。为了保证账户的安全，在保存密码时会采用 MD5 加密算法，这种算法是不可逆的，且具有一定的安全性。

【知识点】

◎标题栏的创建；

◎ ImageView 控件、EditText 控件、Button 控件；

◎ SharedPreferences 的使用；

◎ setResult(RESULT_OK, data) 方法的使用；

◎ MD5 加密算法。

【技能点】

◎掌握注册界面的设计和逻辑构思；

◎掌握标题栏的创建以及常用控件的使用；

◎通过 SharedPreferences 实现数据的存取功能；

◎通过 setResult(RESULT_OK, data) 方法实现界面间数据的回传；

◎通过 MD5 加密算法实现密码加密功能；

◎实现博学谷的注册功能。

【任务 3-3】标题栏

【任务分析】

在博学谷项目中，大部分界面都有一个后退按钮和一个标题栏。为了便于代码重复利用，可以将后退按钮和标题栏抽取出来单独放在一个布局文件（main_title_bar.xml）中，界面效果如图 3-2 所示。

图 3-2　标题栏界面

【任务实施】

（1）创建标题栏界面

在 res/layout 文件夹中，创建一个布局文件 main_title_bar.xml。在该布局文件中，放置 2 个 TextView 控件，分别用于显示后退按钮（后退按钮的样式采用背景选择器的方式）和当前界面标题（界面标题暂未设置，需要在代码中动态设置），并设置标题栏背景透明，具体代码如【文件 3-3】所示。

【文件 3-3】main_title_bar.xml

```
1  <?xml version="1.0" encoding="utf-8"?>
2  <RelativeLayout xmlns:android="http://schemas.android.com/apk/res/android"
3      android:id="@+id/title_bar"
4      android:layout_width="match_parent"
5      android:layout_height="50dp"
6      android:background="@android:color/transparent">
7      <TextView
8          android:id="@+id/tv_back"
9          android:layout_width="50dp"
10         android:layout_height="50dp"
11         android:layout_alignParentLeft="true"
12         android:layout_centerVertical="true"
13         android:background="@drawable/go_back_selector" />
14     <TextView
15         android:id="@+id/tv_main_title"
16         android:layout_width="wrap_content"
17         android:layout_height="wrap_content"
18         android:textColor="@android:color/white"
19         android:textSize="20sp"
20         android:layout_centerInParent="true" />
21 </RelativeLayout>
```

（2）创建背景选择器

标题栏界面中的返回按钮在按下与弹起时会有明显的区别，这种效果可以通过背景选择器进行实现。首先将图片 iv_back_selected.png、iv_back.png 导入 drawable 文件夹中，然后选中 drawable 文件夹，右击并选择【New】→【Drawable resource file】选项，创建一个背景选择器 go_back_selector.xml，根据按钮按下和弹起的状态来切换它的背景图片，由此实现动态效果。当按钮按下时显示灰色图片（iv_back_selected.png），当按钮弹起时显示白色图片（iv_back.png），具体代码如【文件 3-4】所示。

【文件 3-4】go_back_selector.xml

```
1  <?xml version="1.0" encoding="utf-8"?>
2  <selector xmlns:android="http://schemas.android.com/apk/res/android">
3      <item android:drawable="@drawable/iv_back_selected"
             android:state_pressed="true"/>
4      <item android:drawable="@drawable/iv_back"/>
5  </selector>
```

【任务 3-4】注册界面

【任务分析】

注册界面用于输入用户的注册信息，在注册界面中需要 3 个 EditText 控件，分别用于输入用户名、密码和再次确认密码，当点击“注册”按钮后完成用户注册，界面效果如图 3-3 所示。

【任务实施】

（1）创建注册界面

在 com.boxuegu.activity 包中创建一个 Empty Activity 类，名为 RegisterActivity，并将布局文件名指定为 activity_register。在该布局文件中，通过 <include> 标签将 main_title_bar.xml（标题栏）引入。

（2）导入界面图片

将注册界面所需图片 register_bg.png、default_icon.png、user_name_icon.png、psw_icon.png、register_user_name_bg.png、register_psw_bg.png、register_psw_again_bg.png 导入到 drawable 文件夹中。

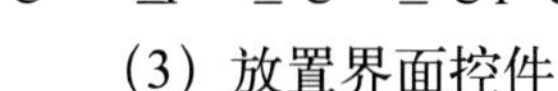

图 3-3 注册界面

（3）放置界面控件

在布局文件中，放置 1 个 ImageView 控件，用于显示用户头像；3 个 EditText 控件，用于输入用户名、密码、再次输入密码；1 个 Button 控件作为注册按钮，具体代码如【文件 3-5】所示。

【文件 3-5】activity_register.xml

```
1   <?xml version="1.0" encoding="utf-8"?>
2   <LinearLayout xmlns:android="http://schemas.android.com/apk/res/android"
3       android:layout_width="match_parent"
4       android:layout_height="match_parent"
5       android:background="@drawable/register_bg"
6       android:orientation="vertical" >
7       <include layout="@layout/main_title_bar" />
8       <ImageView
9           android:layout_width="70dp"
10          android:layout_height="70dp"
11          android:layout_gravity="center_horizontal"
12          android:layout_marginTop="25dp"
13          android:src="@drawable/default_icon" />
14      <EditText
15          android:id="@+id/et_user_name"
16          android:layout_width="fill_parent"
17          android:layout_height="48dp"
```

```
18        android:layout_gravity="center_horizontal"
19        android:layout_marginLeft="35dp"
20        android:layout_marginRight="35dp"
21        android:layout_marginTop="35dp"
22        android:background="@drawable/register_user_name_bg"
23        android:drawableLeft="@drawable/user_name_icon"
24        android:drawablePadding="10dp"
25        android:gravity="center_vertical"
26        android:hint="请输入用户名"
27        android:paddingLeft="8dp"
28        android:singleLine="true"
29        android:textColor="#000000"
30        android:textColorHint="#a3a3a3"
31        android:textSize="14sp" />
32    <EditText
33        android:id="@+id/et_psw"
34        android:layout_width="fill_parent"
35        android:layout_height="48dp"
36        android:layout_gravity="center_horizontal"
37        android:layout_marginLeft="35dp"
38        android:layout_marginRight="35dp"
39        android:background="@drawable/register_psw_bg"
40        android:drawableLeft="@drawable/psw_icon"
41        android:drawablePadding="10dp"
42        android:hint="请输入密码"
43        android:inputType="textPassword"
44        android:paddingLeft="8dp"
45        android:singleLine="true"
46        android:textColor="#000000"
47        android:textColorHint="#a3a3a3"
48        android:textSize="14sp" />
49    <EditText
50        android:id="@+id/et_psw_again"
51        android:layout_width="fill_parent"
52        android:layout_height="48dp"
53        android:layout_gravity="center_horizontal"
54        android:layout_marginLeft="35dp"
55        android:layout_marginRight="35dp"
56        android:background="@drawable/register_psw_again_bg"
57        android:drawableLeft="@drawable/psw_icon"
58        android:drawablePadding="10dp"
59        android:hint="请再次输入密码"
60        android:inputType="textPassword"
```

```
61          android:paddingLeft="8dp"
62          android:singleLine="true"
63          android:textColor="#000000"
64          android:textColorHint="#a3a3a3"
65          android:textSize="14sp" />
66      <Button
67          android:id="@+id/btn_register"
68          android:layout_width="fill_parent"
69          android:layout_height="40dp"
70          android:layout_gravity="center_horizontal"
71          android:layout_marginLeft="35dp"
72          android:layout_marginRight="35dp"
73          android:layout_marginTop="15dp"
74          android:background="@drawable/register_selector"
75          android:text="注 册"
76          android:textColor="@android:color/white"
77          android:textSize="18sp" />
78  </LinearLayout>
```

（4）创建背景选择器

将 register_icon_normal.png、register_icon_selected.png 图片导入 drawable 文件夹中，并在该文件夹中创建“注册”按钮的背景选择器 register_selector.xml。当按钮按下时显示灰色图片（register_icon_selected.png），当按钮弹起时显示橙色图片（register_icon_normal.png），具体代码如【文件 3-6】所示。

【文件 3-6】register_selector.xml

```
1  <?xml version="1.0" encoding="utf-8"?>
2  <selector xmlns:android="http://schemas.android.com/apk/res/android">
3      <item android:drawable="@drawable/register_icon_selected"
             android:state_pressed="true"/>
4      <item android:drawable="@drawable/register_icon_normal"/>
5  </selector>
```

【任务 3-5】MD5 加密算法

【任务分析】

MD5 的全称是 Message-Digest Algorithm 5（信息－摘要算法第 5 版），MD5 算法简单来说就是把任意长度的字符串变换成固定长度（通常是 128 位）的十六进制字符串。在存储密码过程中，直接存储明文密码是很危险的，因此在存储密码前需要使用 MD5 算法对密码加密，这样不仅提高了用户信息的安全性，同时也增加了密码破解的难度。

【任务实施】

（1）创建 MD5Utils 类

选中 com.boxuegu 包，在该包下创建一个 utils 包，在 utils 包中创建一个 Java 类，名为 MD5Utils。

（2）进行 MD5 加密

在 MD5Utils 类中，创建一个 md5() 方法对密码进行加密。首先通过 MessageDigest 的 getInstance() 方法获取数据加密对象 digest，然后通过该对象的 digest() 方法对密码进行加密，具体代码如【文件 3-7】所示。

【文件 3-7】MD5Utils.java

```
1  package com.boxuegu.utils;
2  import java.security.MessageDigest;
3  import java.security.NoSuchAlgorithmException;
4  public class MD5Utils {
5      /**
6       * MD5 加密的算法
7       */
8      public static String md5(String text) {
9          MessageDigest digest=null;
10         try {
11             digest=MessageDigest.getInstance("md5");
12             byte[] result=digest.digest(text.getBytes());
13             StringBuilder sb=new StringBuilder();
14             for(byte b : result) {
15                 int number=b & 0xff;
16                 String hex=Integer.toHexString(number);
17                 if(hex.length()==1) {
18                     sb.append("0" + hex);
19                 } else {
20                     sb.append(hex);
21                 }
22             }
23             return sb.toString();
24         } catch(NoSuchAlgorithmException e) {
25             e.printStackTrace();
26             return "";
27         }
28     }
29 }
```

【任务 3-6】注册界面逻辑代码

【任务分析】

在注册界面点击“注册”按钮后，需要获取用户名、用户密码和再次确认密码，当两次密码相同时，将用户名和密码（经过 MD5 加密）保存到 SharedPreferences 中。当注册成功之后需要将用户名传递到登录界面（LoginActivity 目前还未创建）中。

【任务实施】

（1）获取界面控件

在 RegisterActivity 中创建界面控件的初始化方法 init()，用于获取注册界面所要用到的控件以及实现控件的点击事件。

（2）保存注册信息到 SharedPreferences 中

在 RegisterActivity 中创建一个 saveRegisterInfo() 方法，将注册成功的用户名和密码（经过 MD5 加密）保存到 SharedPreferences 中，具体代码如【文件 3-8】所示。

【文件 3-8】RegisterActivity.java

```
1   package com.boxuegu.activity;
2   import android.content.Intent;
3   import android.content.SharedPreferences;
4   import android.content.pm.ActivityInfo;
5   import android.graphics.Color;
6   import android.os.Bundle;
7   import android.support.v7.app.AppCompatActivity;
8   import android.text.TextUtils;
9   import android.view.View;
10  import android.widget.Button;
11  import android.widget.EditText;
12  import android.widget.RelativeLayout;
13  import android.widget.TextView;
14  import android.widget.Toast;
15  import com.boxuegu.R;
16  import com.boxuegu.utils.MD5Utils;
17  public class RegisterActivity extends AppCompatActivity {
18      private TextView tv_main_title;           //标题
19      private TextView tv_back;                 //返回按钮
20      private Button btn_register;              //注册按钮
21      //用户名、密码、再次输入的密码的控件
22      private EditText et_user_name,et_psw,et_psw_again;
23      //用户名、密码、再次输入的密码的控件的获取值
24      private String userName,psw,pswAgain;
25      //标题布局
26      private RelativeLayout rl_title_bar;
```

```
27      @Override
28      protected void onCreate(Bundle savedInstanceState) {
29          super.onCreate(savedInstanceState);
30          //设置页面布局
31          setContentView(R.layout.activity_register);
32          //设置此界面为竖屏
33          setRequestedOrientation(ActivityInfo.SCREEN_ORIENTATION_PORTRAIT);
34          init();
35      }
36      private void init(){
37          //从main_title_bar.xml页面布局中获得对应的UI控件
38          tv_main_title=(TextView) findViewById(R.id.tv_main_title);
39          tv_main_title.setText("注册");
40          tv_back=(TextView) findViewById(R.id.tv_back);
41          rl_title_bar=(RelativeLayout) findViewById(R.id.title_bar);
42          rl_title_bar.setBackgroundColor(Color.TRANSPARENT);
43          //从activity_register.xml页面布局中获得对应的UI控件
44          btn_register=(Button) findViewById(R.id.btn_register);
45          et_user_name=(EditText) findViewById(R.id.et_user_name);
46          et_psw=(EditText) findViewById(R.id.et_psw);
47          et_psw_again=(EditText) findViewById(R.id.et_psw_again);
48          tv_back.setOnClickListener(new View.OnClickListener() {
49              @Override
50              public void onClick(View v) {
51                  RegisterActivity.this.finish();
52              }
53          });
54          btn_register.setOnClickListener(new View.OnClickListener() {
55              @Override
56              public void onClick(View v) {
57                  //获取输入在相应控件中的字符串
58                  getEditString();
59                  if(TextUtils.isEmpty(userName)){
60                      Toast.makeText(RegisterActivity.this, "请输入用户名",
                        Toast.LENGTH_SHORT).show();
61                      return;
62                  }else if(TextUtils.isEmpty(psw)){
63                      Toast.makeText(RegisterActivity.this, "请输入密码",
                        Toast.LENGTH_SHORT).show();
64                      return;
65                  }else if(TextUtils.isEmpty(pswAgain)){
66                      Toast.makeText(RegisterActivity.this, "请再次输入密码",
                        Toast.LENGTH_SHORT).show();
```

```
67                  return;
68              }else if(!psw.equals(pswAgain)){
69                  Toast.makeText(RegisterActivity.this, "输入两次的
                    密码不一样",Toast.LENGTH_SHORT).show();
70                  return;
71              }else if(isExistUserName(userName)){
72                  Toast.makeText(RegisterActivity.this, "此账户名
                    已经存在",Toast.LENGTH_SHORT).show();
73                  return;
74              }else{
75                  Toast.makeText(RegisterActivity.this, "注册成功",
                    Toast.LENGTH_SHORT).show();
76                  //把用户名和密码保存到SharedPreferences中
77                  saveRegisterInfo(userName, psw);
78                  //注册成功后把用户名传递到LoginActivity.java中
79                  Intent data=new Intent();
80                  data.putExtra("userName", userName);
81                  setResult(RESULT_OK, data);
82                  RegisterActivity.this.finish();
83              }
84          }
85      });
86  }
87  /**
88   * 获取控件中的字符串
89   */
90  private void getEditString(){
91      userName=et_user_name.getText().toString().trim();
92      psw=et_psw.getText().toString().trim();
93      pswAgain=et_psw_again.getText().toString().trim();
94  }
95  /**
96   * 从SharedPreferences中读取输入的用户名，并判断此用户名是否存在
97   */
98  private boolean isExistUserName(String userName){
99      boolean has_userName=false;
100     SharedPreferences sp=getSharedPreferences("loginInfo",
        MODE_PRIVATE);
101     String spPsw=sp.getString(userName, "");
102     if(!TextUtils.isEmpty(spPsw)) {
103         has_userName=true;
104     }
105     return has_userName;
```

```
106     }
107     /**
108      * 保存用户名和密码到 SharedPreferences 中
109      */
110     private void saveRegisterInfo(String userName,String psw){
111         String md5Psw=MD5Utils.md5(psw);            //把密码用 MD5 加密
112         //loginInfo 表示文件名
113         SharedPreferences sp=getSharedPreferences("loginInfo",
            MODE_PRIVATE);
114         SharedPreferences.Editor editor=sp.edit();//获取编辑器
115         //以用户名为 key，密码为 value 保存到 SharedPreferences 中
116         editor.putString(userName, md5Psw);
117         editor.commit();//提交修改
118     }
119 }
```

◎第 54 ~ 85 行代码主要是处理点击“注册”按钮逻辑。当点击“注册”按钮时，首先获取 3 个 EditText 控件（用户名、密码、再次输入密码）的输入值，判断它们是否为空，密码和再次输入的密码是否一致，用户名是否已经存在，之后将用户名和密码（MD5 加密之后的密码）保存到 SharedPreferences 中。

◎第 79 ~ 81 行代码是调用回传数据的方法 setResult(RESULT_OK, data) 把注册成功的用户名传递到登录界面。

◎第 98 ~ 106 行代码用于判断用户名是否已经存在，通过输入的用户名查询 SharedPreferences 中是否已经存在该用户。

◎第 110 ~ 118 行代码用于 MD5 加密，通过调用 MD5Utils 的 md5() 方法对密码进行加密，之后将用户名和密码保存到 SharedPreferences 中。

3.3 登录

综述

登录界面主要用于输入登录信息，当点击“登录”按钮时需要在 SharedPreferences 中查询输入的用户名是否有对应的密码，如果有则用此密码与当前输入的密码（需 MD5 加密）进行比对，如果信息一致，则登录成功，并把登录成功的状态和用户名保存到 SharedPreferences 中，便于后续判断登录状态和获取用户名。如果登录失败，则有两种情况：一种是输入的用户名和密码不匹配；另一种是此用户名不存在。

【知识点】

◎标题栏的引用；

◎ EditText 控件、Button 控件；

◎ SharedPreferences 的使用；

◎ setResult(RESULT_OK, data) 方法的使用；

◎ Intent 的使用。

【技能点】

◎掌握登录界面的设计和逻辑构思；

◎通过 SharedPreferences 实现数据的存取功能；

◎通过 setResult(RESULT_OK, data) 方法实现界面间数据的回传；

◎通过 Intent 实现 Activity 之间的跳转；

◎实现博学谷的登录功能。

【任务 3-7】登录界面

【任务分析】

登录界面主要是为用户提供一个登录的入口，在登录界面中用户可以输入用户名和密码，点击“登录”按钮。若用户还未注册，则可以点击“立即注册”进入注册界面；若用户忘记密码，则可以点击“找回密码？”进入找回密码界面（找回密码界面尚未创建）。登录界面效果如图 3-4 所示。

图 3-4　登录界面

【任务实施】

（1）创建登录界面

在 com.boxuegu.activity 包中创建一个 Activity 类，名为 LoginActivity，并将布局文件名指定为 activity_login。在该布局文件中，通过 <include> 标签将 main_title_bar.xml（标题栏）引入。

（2）导入界面图片

将登录界面所需图片 login_bg.png、login_user_name_bg.png、login_psw_bg.png 导入 drawable 文件夹中。

（3）放置界面控件

在布局文件中，放置 1 个 ImageView 控件，用于显示用户头像；2 个 EditText 控件，分别用于输入用户名和密码；1 个 Button 控件作为“登录”按钮（和“注册”按钮用同一个背景选择器）；2 个 TextView 控件，分别用于显示文字“立即注册”和“找回密码？”，具体代码如【文件 3-9】所示。

【文件 3-9】activity_login.xml

```
1  <?xml version="1.0" encoding="utf-8"?>
2  <LinearLayout xmlns:android="http://schemas.android.com/apk/res/android"
3      android:layout_width="match_parent"
4      android:layout_height="match_parent"
5      android:background="@drawable/login_bg"
6      android:orientation="vertical" >
7      <include layout="@layout/main_title_bar" />
8      <ImageView
9          android:id="@+id/iv_head"
10         android:layout_width="70dp"
11         android:layout_height="70dp"
12         android:layout_marginTop="25dp"
13         android:layout_gravity="center_horizontal"
14         android:background="@drawable/default_icon" />
15     <EditText
16         android:id="@+id/et_user_name"
17         android:layout_width="fill_parent"
18         android:layout_height="48dp"
19         android:layout_marginTop="35dp"
20         android:layout_marginLeft="35dp"
21         android:layout_marginRight="35dp"
22         android:layout_gravity="center_horizontal"
23         android:background="@drawable/login_user_name_bg"
24         android:drawableLeft="@drawable/user_name_icon"
25         android:drawablePadding="10dp"
26         android:paddingLeft="8dp"
27         android:gravity="center_vertical"
28         android:hint="请输入用户名"
29         android:singleLine="true"
30         android:textColor="#000000"
31         android:textColorHint="#a3a3a3"
32         android:textSize="14sp" />
33     <EditText
34         android:id="@+id/et_psw"
35         android:layout_width="fill_parent"
36         android:layout_height="48dp"
37         android:layout_gravity="center_horizontal"
38         android:layout_marginLeft="35dp"
39         android:layout_marginRight="35dp"
40         android:background="@drawable/login_psw_bg"
41         android:drawableLeft="@drawable/psw_icon"
```

```
42          android:drawablePadding="10dp"
43          android:paddingLeft="8dp"
44          android:hint="请输入密码"
45          android:inputType="textPassword"
46          android:singleLine="true"
47          android:textColor="#000000"
48          android:textColorHint="#a3a3a3"
49          android:textSize="14sp" />
50      <Button
51          android:id="@+id/btn_login"
52          android:layout_width="fill_parent"
53          android:layout_height="40dp"
54          android:layout_marginTop="15dp"
55          android:layout_marginLeft="35dp"
56          android:layout_marginRight="35dp"
57          android:layout_gravity="center_horizontal"
58          android:background="@drawable/register_selector"
59          android:text="登 录"
60          android:textColor="@android:color/white"
61          android:textSize="18sp" />
62      <LinearLayout
63          android:layout_width="fill_parent"
64          android:layout_height="fill_parent"
65          android:layout_marginTop="8dp"
66          android:layout_marginLeft="35dp"
67          android:layout_marginRight="35dp"
68          android:gravity="center_horizontal"
69          android:orientation="horizontal" >
70          <TextView
71              android:id="@+id/tv_register"
72              android:layout_width="0dp"
73              android:layout_height="wrap_content"
74              android:layout_weight="1"
75              android:gravity="center_horizontal"
76              android:padding="8dp"
77              android:text="立即注册"
78              android:textColor="@android:color/white"
79              android:textSize="14sp" />
80          <TextView
81              android:id="@+id/tv_find_psw"
82              android:layout_width="0dp"
83              android:layout_height="wrap_content"
84              android:layout_weight="1"
```

```
85              android:gravity="center_horizontal"
86              android:padding="8dp"
87              android:text=" 找回密码 ?"
88              android:textColor="@android:color/white"
89              android:textSize="14sp" />
90      </LinearLayout>
91  </LinearLayout>
```

【任务 3-8】登录界面逻辑代码

【任务分析】

当点击“登录”按钮时，需要先判断用户名和密码是否为空，若为空则提示请输入用户名和密码；若不为空则获取用户输入的用户名，由于博学谷项目用的是本地数据，因此根据用户名在 SharedPreferences 中查询是否有对应的密码，如果有对应的密码并且与用户输入的密码（需 MD5 加密）比对一致，则登录成功。

【任务实施】

（1）获取界面控件

在 LoginActivity 中创建界面控件的初始化方法 init()，用于获取登录界面所要用的控件并设置登录按钮、返回按钮、立即注册、找回密码的点击事件。

（2）获取回传数据

重写 onActivityResult() 方法，通过 data.getStringExtra() 方法获取注册成功的一个用户名，并将其显示在用户名控件上。

（3）保存登录状态到 SharedPreferences 中

由于在后续创建“我”的界面时，需要根据登录状态来设置界面的图标和用户名，因此需要创建 saveLoginStatus() 方法，在登录成功后把登录状态和用户名保存到 SharedPreferences 中，具体代码如【文件 3-10】所示。

【文件 3-10】LoginActivity.java

```
1  package com.boxuegu.activity;
2  import android.content.Intent;
3  import android.content.SharedPreferences;
4  import android.content.pm.ActivityInfo;
5  import android.support.v7.app.AppCompatActivity;
6  import android.os.Bundle;
7  import android.text.TextUtils;
8  import android.view.View;
9  import android.widget.Button;
10 import android.widget.EditText;
11 import android.widget.TextView;
```

```
12 import android.widget.Toast;
13 import com.boxuegu.R;
14 import com.boxuegu.utils.MD5Utils;
15 public class LoginActivity extends AppCompatActivity {
16     private TextView tv_main_title;
17     private TextView tv_back,tv_register,tv_find_psw;
18     private Button btn_login;
19     private String userName,psw,spPsw;
20     private EditText et_user_name,et_psw;
21     @Override
22     protected void onCreate(Bundle savedInstanceState) {
23         super.onCreate(savedInstanceState);
24         setContentView(R.layout.activity_login);
25         //设置此界面为竖屏
26         setRequestedOrientation(ActivityInfo.SCREEN_ORIENTATION_PORTRAIT);
27         init();
28     }
29     /**
30      * 获取界面控件
31      */
32     private void init(){
33         tv_main_title=(TextView) findViewById(R.id.tv_main_title);
34         tv_main_title.setText("登录");
35         tv_back=(TextView) findViewById(R.id.tv_back);
36         tv_register=(TextView) findViewById(R.id.tv_register);
37         tv_find_psw= (TextView) findViewById(R.id.tv_find_psw);
38         btn_login=(Button) findViewById(R.id.btn_login);
39         et_user_name=(EditText) findViewById(R.id.et_user_name);
40         et_psw=(EditText) findViewById(R.id.et_psw);
41         //返回按钮的点击事件
42         tv_back.setOnClickListener(new View.OnClickListener() {
43             @Override
44             public void onClick(View v) {
45                 LoginActivity.this.finish();
46             }
47         });
48         //立即注册控件的点击事件
49         tv_register.setOnClickListener(new View.OnClickListener() {
50             @Override
51             public void onClick(View v) {
52                 Intent intent=new Intent(LoginActivity.this,
                   RegisterActivity.class);
53                 startActivityForResult(intent, 1);
```

```
54                }
55            });
56            //找回密码控件的点击事件
57            tv_find_psw.setOnClickListener(new View.OnClickListener() {
58                @Override
59                public void onClick(View v) {
60                    //跳转到找回密码界面 (此界面暂时未创建)
61                }
62            });
63            //登录按钮的点击事件
64            btn_login.setOnClickListener(new View.OnClickListener() {
65                @Override
66                public void onClick(View v) {
67                    userName=et_user_name.getText().toString().trim();
68                    psw=et_psw.getText().toString().trim();
69                    String md5Psw=MD5Utils.md5(psw);
70                    spPsw=readPsw(userName);
71                    if(TextUtils.isEmpty(userName)){
72                        Toast.makeText(LoginActivity.this, "请输入用户名",
                          Toast.LENGTH_SHORT).show();
73                        return;
74                    }else if(TextUtils.isEmpty(psw)){
75                        Toast.makeText(LoginActivity.this, "请输入密码",
                          Toast.LENGTH_SHORT).show();
76                        return;
77                    }else if(md5Psw.equals(spPsw)){
78                        Toast.makeText(LoginActivity.this, "登录成功",
                          Toast.LENGTH_SHORT).show();
79                        //保存登录状态和登录的用户名
80                        saveLoginStatus(true,userName);
81                        //把登录成功的状态传递到MainActivity中
82                        Intent data=new Intent();
83                        data.putExtra("isLogin", true);
84                        setResult(RESULT_OK, data);
85                        LoginActivity.this.finish();
86                        return;
87                    }else if((!TextUtils.isEmpty(spPsw)&&!
                      md5Psw.equals(spPsw))){
88                        Toast.makeText(LoginActivity.this, "输入的用户名
                          和密码不一致",Toast.LENGTH_SHORT).show();
89
90                        return;
91                    }else{
```

```
92                  Toast.makeText(LoginActivity.this, "此用户名不存在",
                    Toast.LENGTH_SHORT).show();
93              }
94          }
95      });
96  }
97  /**
98   * 从SharedPreferences中根据用户名读取密码
99   */
100 private String readPsw(String userName){
101     SharedPreferences sp=getSharedPreferences("loginInfo",
        MODE_PRIVATE);
102     return sp.getString(userName, "");
103 }
104 /**
105  * 保存登录状态和登录用户名到SharedPreferences中
106  */
107 private void saveLoginStatus(boolean status,String userName){
108     //loginInfo表示文件名
109     SharedPreferences sp=getSharedPreferences("loginInfo",
        MODE_PRIVATE);
110     SharedPreferences.Editor editor=sp.edit();      //获取编辑器
111     editor.putBoolean("isLogin", status);
112     editor.putString("loginUserName", userName);//存入登录时的用户名
113     editor.commit();                              //提交修改
114 }
115 @Override
116 protected void onActivityResult(int requestCode, int resultCode,
    Intent data) {
117     super.onActivityResult(requestCode, resultCode, data);
118     if(data!=null){
119         //从注册界面传递过来的用户名
120         String userName =data.getStringExtra("userName");
121         if(!TextUtils.isEmpty(userName)){
122             et_user_name.setText(userName);
123             //设置光标的位置
124             et_user_name.setSelection(userName.length());
125         }
126     }
127 }
128 }
```

◎第 52 ~ 53 行代码主要是调用 startActivityForResult(intent,1) 方法跳转到注册界面，目的是从注册界面回传数据到登录界面。第一个参数 intent 是数据载体，第二个参数 requestCode 是请求码，一般是大于等于 0 的整数。

◎第 64 ~ 95 行代码用于实现点击登录，当点击“登录”按钮时，获取用户输入的用户名和密码，若用户名或密码为空，则提示用户输入用户名或密码。若输入的密码与 SharedPreferences 中保存的密码一致，则保存用户的登录状态，并将登录成功的状态发送到 MainActivity。

◎第 107 ~ 114 行代码的作用是当用户登录成功后，把登录状态和登录的用户名保存到 SharedPreferences 中。

◎第 118 ~ 126 行代码的作用是获取注册界面回传过来的用户名，设置用户名到 et_user_name 控件上，并调用 et_user_name 控件的 setSelection() 方法设置光标位置。

小　　结

本章主要讲解了博学谷项目的欢迎界面、注册模块、登录模块功能。这三个功能模块是本项目最简单的部分，因此首先讲解，以便读者熟悉项目的开发流程以及开发步骤，方便后续学习。

【思考题】

1. 如何使用 MD5 加密算法对密码进行加密？
2. 博学谷项目中是如何实现用户登录的？

第4章 “我”的模块

学习目标

◎掌握底部导航栏的开发，并能实现设置界面；

◎掌握修改密码功能的开发，实现用户密码的修改；

◎掌握设置密保功能的开发，并且通过密保可以找回用户密码。

博学谷项目“我”的模块主要是以设置用户以及保证用户安全为主。当用户登录成功后可以修改密码以及设置密保，且只有设置过密保的账户才可以找回密码。本章将针对“我”的模块进行详细讲解。

4.1 “我”的界面

综述

根据“我”的界面设计图可知，该界面包含了用户头像、用户名、播放记录条目、设置条目和底部用于切换界面的导航栏。当点击用户头像和用户名时会进入个人中心，点击播放记录条目时会进入查看播放记录的界面，点击设置条目时会进入设置界面。在底部导航栏中包含3个按钮，分别为课程、习题和我，这3个按钮是用于切换课程界面、习题界面和“我”的界面。由于3个界面的底部都包含了这3个按钮，因此可以创建一个底部导航栏框架方便每个界面使用。

【知识点】

◎ ImageView 控件、TextView 控件；

◎ SharedPreferences 的使用。

【技能点】

◎掌握底部导航栏框架的设计和逻辑构思；

◎掌握如何获取和清除 SharedPreferences 中的数据；

◎学会搭建底部导航栏框架。

【任务 4-1】底部导航栏

【任务分析】

根据前面介绍的设计图可知，此项目包含一个底部导航栏（即底部 3 个按钮），为了方便后续布局的搭建，因此创建一个底部导航栏 UI 的框架，界面效果如图 4-1 所示。

图 4-1　底部导航栏界面

【任务实施】

（1）导入界面图片

将底部导航栏所需图片 main_course_icon.png、main_course_icon_selected.png、main_exercises_icon.png、main_exercises_icon_selected.png、main_my_icon.png、main_my_icon_selected.png 导入到 drawable 文件夹中。

（2）放置界面控件

在 activity_main.xml 文件中，放置 3 个 TextView 控件，用于显示底部按钮的文字部分；3 个 ImageView 控件，用于显示底部按钮的图片部分，具体代码如【文件 4-1】所示。

【文件 4-1】activity_main.xml

```
1  <?xml version="1.0" encoding="utf-8"?>
2  <RelativeLayout xmlns:android="http://schemas.android.com/apk/res/android"
3      android:layout_width="match_parent"
4      android:layout_height="wrap_content"
5      android:orientation="vertical" >
6      <LinearLayout
7          android:layout_width="fill_parent"
8          android:layout_height="fill_parent"
9          android:background="@android:color/white"
10         android:orientation="vertical" >
11         <include layout="@layout/main_title_bar" />
12         <FrameLayout
13             android:id="@+id/main_body"
```

```
14              android:layout_width="match_parent"
15              android:layout_height="match_parent"
16              android:background="@android:color/white" />
17      </LinearLayout>
18      <LinearLayout
19          android:id="@+id/main_bottom_bar"
20          android:layout_width="match_parent"
21          android:layout_height="55dp"
22          android:layout_alignParentBottom="true"
23          android:background="#F2F2F2"
24          android:orientation="horizontal" >
25          <RelativeLayout
26              android:id="@+id/bottom_bar_course_btn"
27              android:layout_width="0dp"
28              android:layout_height="fill_parent"
29              android:layout_weight="1" >
30              <TextView
31                  android:id="@+id/bottom_bar_text_course"
32                  android:layout_width="fill_parent"
33                  android:layout_height="wrap_content"
34                  android:layout_alignParentBottom="true"
35                  android:layout_centerHorizontal="true"
36                  android:layout_marginBottom="3dp"
37                  android:gravity="center"
38                  android:singleLine="true"
39                  android:text="课程"
40                  android:textColor="#666666"
41                  android:textSize="14sp" />
42              <ImageView
43                  android:id="@+id/bottom_bar_image_course"
44                  android:layout_width="27dp"
45                  android:layout_height="27dp"
46                  android:layout_above="@id/bottom_bar_text_course"
47                  android:layout_alignParentTop="true"
48                  android:layout_centerHorizontal="true"
49                  android:layout_marginTop="3dp"
50                  android:src="@drawable/main_course_icon" />
51          </RelativeLayout>
52          <RelativeLayout
53              android:id="@+id/bottom_bar_exercises_btn"
54              android:layout_width="0dp"
55              android:layout_height="fill_parent"
56              android:layout_weight="1" >
```

```
57            <TextView
58                android:id="@+id/bottom_bar_text_exercises"
59                android:layout_width="fill_parent"
60                android:layout_height="wrap_content"
61                android:layout_alignParentBottom="true"
62                android:layout_centerHorizontal="true"
63                android:layout_marginBottom="3dp"
64                android:gravity="center"
65                android:singleLine="true"
66                android:text=" 习题 "
67                android:textColor="#666666"
68                android:textSize="14sp" />
69            <ImageView
70                android:id="@+id/bottom_bar_image_exercises"
71                android:layout_width="27dp"
72                android:layout_height="27dp"
73                android:layout_above="@id/bottom_bar_text_exercises"
74                android:layout_alignParentTop="true"
75                android:layout_centerHorizontal="true"
76                android:layout_marginTop="3dp"
77                android:src="@drawable/main_exercises_icon" />
78        </RelativeLayout>
79        <RelativeLayout
80            android:id="@+id/bottom_bar_myinfo_btn"
81            android:layout_width="0dp"
82            android:layout_height="fill_parent"
83            android:layout_weight="1" >
84            <TextView
85                android:id="@+id/bottom_bar_text_myinfo"
86                android:layout_width="fill_parent"
87                android:layout_height="wrap_content"
88                android:layout_alignParentBottom="true"
89                android:layout_centerHorizontal="true"
90                android:layout_marginBottom="3dp"
91                android:gravity="center"
92                android:singleLine="true"
93                android:text=" 我 "
94                android:textColor="#666666"
95                android:textSize="14sp" />
96            <ImageView
97                android:id="@+id/bottom_bar_image_myinfo"
98                android:layout_width="27dp"
99                android:layout_height="27dp"
```

```
100                 android:layout_above="@id/bottom_bar_text_myinfo"
101                 android:layout_alignParentTop="true"
102                 android:layout_centerHorizontal="true"
103                 android:layout_marginTop="3dp"
104                 android:src="@drawable/main_my_icon" />
105         </RelativeLayout>
106     </LinearLayout>
107 </RelativeLayout>
```

【任务 4-2】底部导航栏逻辑代码

【任务分析】

在底部导航栏中点击不同的按钮会进入不同的界面，因此需要为 3 个按钮添加监听事件。根据所在界面的不同，导航栏中的按钮和文字也有选中和未选中两种状态，因此需要创建方法来设置按钮的不同状态。在界面中间部分会根据按钮的选中状态切换不同的界面，因此需要创建相应的方法用于创建视图。

【任务实施】

（1）获取界面控件

把 MainActivity 类拖进 com.boxuegu.activity 包中，在该类中分别创建界面的初始化方法 init()、initBodyLayout()、initBottomBar()，用于获取标题栏、页面中间部分及底部导航栏界面中所要用到的控件。

（2）设置监听事件

由于底部导航栏上的 3 个按钮都需要设置点击事件，因此 MainActivity 类需要实现 OnClickListener 接口，然后创建 setListener() 方法设置底部导航栏按钮的点击监听事件并实现 OnClickListener 接口中的 onClick() 方法。

（3）设置底部按钮状态

由于底部导航栏每个按钮都有选中和未选中两种状态，因此分别创建 setSelectedStatus() 和 clearBottomImageState() 方法来设置和清除底部按钮的选中状态。

（4）创建和清除界面中间的视图

由于界面中间部分的视图会根据底部按钮的选中状态来切换，因此分别创建 createView() 和 removeAllView() 方法来创建视图和清除无用的视图。

（5）设置界面中间的视图

由于界面中间部分的视图会根据底部按钮的选中状态来显示对应的 View，因此分别创建 setInitStatus() 和 selectDisplayView() 方法来设置初始化的 View 界面和点击底部按钮时对应的 View 界面。

（6）读取和清除 SharedPreferences 中的登录状态

当第二次点击后退按钮退出博学谷应用时，需要检测此时是否为登录状态，如果是，则需要清除登录状态，因此分别创建 readLoginStatus() 和 clearLoginStatus() 方法用来读取和清除 SharedPreferences 中的登录状态，具体代码如【文件 4-2】所示。

【文件 4-2】MainActivity.java

```
1  package com.boxuegu.activity;
2  import android.content.Context;
3  import android.content.SharedPreferences;
4  import android.content.pm.ActivityInfo;
5  import android.graphics.Color;
6  import android.os.Bundle;
7  import android.support.v7.app.AppCompatActivity;
8  import android.view.KeyEvent;
9  import android.view.View;
10 import android.widget.FrameLayout;
11 import android.widget.ImageView;
12 import android.widget.LinearLayout;
13 import android.widget.RelativeLayout;
14 import android.widget.TextView;
15 import android.widget.Toast;
16 import com.boxuegu.R;
17 public class MainActivity extends AppCompatActivity implements View.
   OnClickListener {
18     /**
19      * 中间内容栏
20      */
21     private FrameLayout mBodyLayout;
22     /**
23      * 底部按钮栏
24      */
25     public LinearLayout mBottomLayout;
26     /**
27      * 底部按钮
28      */
29     private View mCourseBtn;
30     private View mExercisesBtn;
31     private View mMyInfoBtn;
32     private TextView tv_course;
33     private TextView tv_exercises;
34     private TextView tv_myInfo;
35     private ImageView iv_course;
36     private ImageView iv_exercises;
37     private ImageView iv_myInfo;
38     private TextView tv_back;
```

```
39      private TextView tv_main_title;
40      private RelativeLayout rl_title_bar;
41      @Override
42      protected void onCreate(Bundle savedInstanceState) {
43          super.onCreate(savedInstanceState);
44          setContentView(R.layout.activity_main);
45          //设置此界面为竖屏
46          setRequestedOrientation(ActivityInfo.SCREEN_ORIENTATION_PORTRAIT);
47          init();
48          initBottomBar();
49          setListener();
50          setInitStatus();
51      }
52      /**
53       * 获取界面上的 UI 控件
54       */
55      private void init() {
56          tv_back = (TextView) findViewById(R.id.tv_back);
57          tv_main_title = (TextView) findViewById(R.id.tv_main_title);
58          tv_main_title.setText(" 博学谷课程 ");
59          rl_title_bar = (RelativeLayout) findViewById(R.id.title_bar);
60          rl_title_bar.setBackgroundColor(Color.parseColor("#30B4FF"));
61          tv_back.setVisibility(View.GONE);
62          initBodyLayout();
63      }
64      /**
65       * 获取底部导航栏上的控件
66       */
67      private void initBottomBar() {
68          mBottomLayout = (LinearLayout) findViewById(R.id.main_bottom_bar);
69          mCourseBtn = findViewById(R.id.bottom_bar_course_btn);
70          mExercisesBtn = findViewById(R.id.bottom_bar_exercises_btn);
71          mMyInfoBtn = findViewById(R.id.bottom_bar_myinfo_btn);
72          tv_course = (TextView) findViewById(R.id.bottom_bar_text_course);
73          tv_exercises = (TextView) findViewById(R.id.bottom_bar_text_
            exercises);
74          tv_myInfo = (TextView) findViewById(R.id.bottom_bar_text_myinfo);
75          iv_course = (ImageView) findViewById(R.id.bottom_bar_image_course);
76          iv_exercises = (ImageView) findViewById(R.id.bottom_bar_image_
            exercises);
77          iv_myInfo = (ImageView) findViewById(R.id.bottom_bar_image_myinfo);
78      }
79      private void initBodyLayout() {
```

```
80          mBodyLayout = (FrameLayout) findViewById(R.id.main_body);
81      }
82      /**
83       * 控件的点击事件
84       */
85      @Override
86      public void onClick(View v) {
87          switch(v.getId()) {
88              //课程的点击事件
89              case R.id.bottom_bar_course_btn:
90                  clearBottomImageState();
91                  selectDisplayView(0);
92                  break;
93              //习题的点击事件
94              case R.id.bottom_bar_exercises_btn:
95                  clearBottomImageState();
96                  selectDisplayView(1);
97                  break;
98              //我的点击事件
99              case R.id.bottom_bar_myinfo_btn:
100                 clearBottomImageState();
101                 selectDisplayView(2);
102                 break;
103             default:
104                 break;
105         }
106     }
107     /**
108      * 设置底部三个按钮的点击监听事件
109      */
110     private void setListener() {
111         for(int i = 0; i < mBottomLayout.getChildCount(); i++) {
112             mBottomLayout.getChildAt(i).setOnClickListener(this);
113         }
114     }
115     /**
116      * 清除底部按钮的选中状态
117      */
118     private void clearBottomImageState() {
119         tv_course.setTextColor(Color.parseColor("#666666"));
120         tv_exercises.setTextColor(Color.parseColor("#666666"));
121         tv_myInfo.setTextColor(Color.parseColor("#666666"));
122         iv_course.setImageResource(R.drawable.main_course_icon);
```

```
123            iv_exercises.setImageResource(R.drawable.main_exercises_icon);
124            iv_myInfo.setImageResource(R.drawable.main_my_icon);
125            for(int i = 0; i < mBottomLayout.getChildCount(); i++) {
126                mBottomLayout.getChildAt(i).setSelected(false);
127            }
128        }
129        /**
130         * 设置底部按钮的选中状态
131         */
132        private void setSelectedStatus(int index) {
133            switch(index) {
134                case 0:
135                    mCourseBtn.setSelected(true);
136                    iv_course.setImageResource(R.drawable.main_course_icon_
                       selected);
137                    tv_course.setTextColor(Color.parseColor("#0097F7"));
138                    rl_title_bar.setVisibility(View.VISIBLE);
139                    tv_main_title.setText(" 博学谷课程 ");
140                    break;
141                case 1:
142                    mExercisesBtn.setSelected(true);
143                    iv_exercises.setImageResource(R.drawable.main_exercises_icon_
                       selected);
144                    tv_exercises.setTextColor(Color.parseColor("#0097F7"));
145                    rl_title_bar.setVisibility(View.VISIBLE);
146                    tv_main_title.setText(" 博学谷习题 ");
147                    break;
148                case 2:
149                    mMyInfoBtn.setSelected(true);
150                    iv_myInfo.setImageResource(R.drawable.main_my_icon_
                       selected);
151                    tv_myInfo.setTextColor(Color.parseColor("#0097F7"));
152                    rl_title_bar.setVisibility(View.GONE);
153                    break;
154            }
155        }
156        /**
157         * 移除不需要的视图
158         */
159        private void removeAllView() {
160            for(int i = 0; i < mBodyLayout.getChildCount(); i++) {
161                mBodyLayout.getChildAt(i).setVisibility(View.GONE);
162            }
```

```
163     }
164     /**
165      * 设置界面 view 的初始化状态
166      */
167     private void setInitStatus() {
168         clearBottomImageState();
159         setSelectedStatus(0);
170         createView(0);
171     }
172     /**
173      * 显示对应的页面
174      */
175     private void selectDisplayView(int index) {
176         removeAllView();
177         createView(index);
178         setSelectedStatus(index);
179     }
180     /**
181      * 选择视图
182      */
183     private void createView(int viewIndex) {
184         switch(viewIndex) {
185             case 0:
186                 //课程界面
187                 break;
188             case 1:
189                 //习题界面
190                 break;
191             case 2:
192                 //我的界面
193                 break;
194         }
195     }
196     protected long exitTime;//记录第一次点击时的时间
197     @Override
198     public boolean onKeyDown(int keyCode, KeyEvent event) {
199         if(keyCode == KeyEvent.KEYCODE_BACK
                && event.getAction() == KeyEvent.ACTION_DOWN) {
200             if((System.currentTimeMillis() - exitTime) > 2000) {
201                 Toast.makeText(MainActivity.this, "再按一次退出博学谷",
                    Toast.LENGTH_SHORT).show();
202                 exitTime = System.currentTimeMillis();
203             } else {
```

```
204                 MainActivity.this.finish();
205                 if(readLoginStatus()) {
206                     clearLoginStatus();
207                 }
208                 System.exit(0);
209             }
210             return true;
211         }
212         return super.onKeyDown(keyCode, event);
213     }
214     /**
215      * 获取 SharedPreferences 中的登录状态
216      */
217     private boolean readLoginStatus() {
218         SharedPreferences sp = getSharedPreferences("loginInfo",
        Context.MODE_PRIVATE);
219         boolean isLogin = sp.getBoolean("isLogin", false);
220         return isLogin;
221     }
222     /**
223      * 清除 SharedPreferences 中的登录状态
224      */
225     private void clearLoginStatus() {
226         SharedPreferences sp = getSharedPreferences("loginInfo",
        Context.MODE_PRIVATE);
227         SharedPreferences.Editor editor = sp.edit();   //获取编辑器
228         editor.putBoolean("isLogin", false);            //清除登录状态
259         editor.putString("loginUserName", "");       //清除登录时的用户名
230         editor.commit();                             //提交修改
231     }
232 }
```

◎第 86 ~ 106 行代码用于设置导航栏按钮的监听事件，当点击按钮时首先清空底部导航栏的状态，之后将相应的图片和按钮设置为选中状态。

◎第 167 ~ 171 行代码用于设置界面的初始状态，将导航栏与视图部分都设为状态码为 0。

◎第 183 ~ 195 行代码用于选择显示的视图，根据状态码的不同显示不同的界面，目前三个界面还未创建。

◎第 196 ~ 213 行代码是退出博学谷应用，创建 exitTime 字段来记录第一次点击后退按钮的时间，当第二次点击的时间与第一次点击的时间间隔大于 2 秒，则提示再按一

次退出博学谷。如果小于 2 秒，则直接退出博学谷应用。

【任务 4-3】“我”的界面

【任务分析】

“我”的界面需要显示头像、用户名、播放记录条目、设置条目和底部导航栏，界面效果如图 4-2 所示。

【任务实施】

（1）创建“我”的界面

在 res/layout 文件夹中，创建一个布局文件 main_view_myinfo.xml。

（2）导入界面图片

将“我”的界面所需图片 myinfo_login_bg.png、course_history_icon.png、myinfo_setting_icon.png、iv_right_ arrow.png 导入 drawable 文件夹中。

（3）放置界面控件

在布局文件中，放置 3 个 View 控件用于显示 3 条灰色分隔线；5 个 ImageView 控件，其中 1 个用于显示头像，2 个用于显示右边的箭头图片，其余 2 个用于显示播放记录和设置的图标；3 个 TextView 控件，1 个用于显示用户名，2 个用来放文字（播放记录和设置），具体代码如【文件 4-3】所示。

图 4-2 “我”的界面

【文件 4-3】main_view_myinfo.xml

```
1  <?xml version="1.0" encoding="utf-8"?>
2  <LinearLayout xmlns:android="http://schemas.android.com/apk/res/android"
3      android:layout_width="match_parent"
4      android:layout_height="match_parent"
5      android:background="@android:color/white"
6      android:orientation="vertical">
7      <LinearLayout
8          android:id="@+id/ll_head"
9          android:layout_width="fill_parent"
10         android:layout_height="240dp"
11         android:background="@drawable/myinfo_login_bg"
12         android:orientation="vertical">
13         <ImageView
14             android:id="@+id/iv_head_icon"
15             android:layout_width="70dp"
16             android:layout_height="70dp"
17             android:layout_gravity="center_horizontal"
18             android:layout_marginTop="75dp"
```

```
19              android:src="@drawable/default_icon" />
20          <TextView
21              android:id="@+id/tv_user_name"
22              android:layout_width="wrap_content"
23              android:layout_height="wrap_content"
24              android:layout_gravity="center_horizontal"
25              android:layout_marginTop="10dp"
26              android:text="点击登录"
27              android:textColor="@android:color/white"
28              android:textSize="16sp" />
29      </LinearLayout>
30      <View
31          android:layout_width="fill_parent"
32          android:layout_height="1dp"
33          android:layout_marginTop="20dp"
34          android:background="#E3E3E3" />
35      <RelativeLayout
36          android:id="@+id/rl_course_history"
37          android:layout_width="fill_parent"
38          android:layout_height="50dp"
39          android:background="#F7F8F8"
40          android:gravity="center_vertical"
41          android:paddingLeft="10dp"
42          android:paddingRight="10dp">
43          <ImageView
44              android:id="@+id/iv_course_historyicon"
45              android:layout_width="20dp"
46              android:layout_height="20dp"
47              android:layout_centerVertical="true"
48              android:layout_marginLeft="25dp"
49              android:src="@drawable/course_history_icon" />
50          <TextView
51              android:layout_width="wrap_content"
52              android:layout_height="wrap_content"
53              android:layout_centerVertical="true"
54              android:layout_marginLeft="25dp"
55              android:layout_toRightOf="@id/iv_course_historyicon"
56              android:text="播放记录"
57              android:textColor="#A3A3A3"
58              android:textSize="16sp" />
59          <ImageView
60              android:layout_width="15dp"
61              android:layout_height="15dp"
```

```
62                 android:layout_alignParentRight="true"
63                 android:layout_centerVertical="true"
64                 android:layout_marginRight="25dp"
65                 android:src="@drawable/iv_right_arrow" />
66         </RelativeLayout>
67         <View
68             android:layout_width="fill_parent"
69             android:layout_height="1dp"
70             android:background="#E3E3E3" />
71         <RelativeLayout
72             android:id="@+id/rl_setting"
73             android:layout_width="fill_parent"
74             android:layout_height="50dp"
75             android:background="#F7F8F8"
76             android:gravity="center_vertical"
77             android:paddingLeft="10dp"
78             android:paddingRight="10dp">
79             <ImageView
80                 android:id="@+id/iv_userinfo_icon"
81                 android:layout_width="20dp"
82                 android:layout_height="20dp"
83                 android:layout_centerVertical="true"
84                 android:layout_marginLeft="25dp"
85                 android:src="@drawable/myinfo_setting_icon" />
86             <TextView
87                 android:layout_width="wrap_content"
88                 android:layout_height="wrap_content"
89                 android:layout_centerVertical="true"
90                 android:layout_marginLeft="25dp"
91                 android:layout_toRightOf="@id/iv_userinfo_icon"
92                 android:text="设置"
93                 android:textColor="#A3A3A3"
94                 android:textSize="16sp" />
95             <ImageView
96                 android:layout_width="15dp"
97                 android:layout_height="15dp"
98                 android:layout_alignParentRight="true"
99                 android:layout_centerVertical="true"
100                android:layout_marginRight="25dp"
101                android:src="@drawable/iv_right_arrow" />
102        </RelativeLayout>
103        <View
```

```
104         android:layout_width="fill_parent"
105         android:layout_height="1dp"
106         android:background="#E3E3E3" />
107 </LinearLayout>
```

【任务 4-4】AnalysisUtils 工具类

【任务分析】

由于博学谷项目在保存和获取数据时会多次用到用户名，因此可以创建一个工具类 AnalysisUtils 用于获取用户名，便于后续调用。

【任务实施】

（1）创建 AnalysisUtils 工具类

在 utils 包中创建一个 Java 类，名为 AnalysisUtils。

（2）创建获取登录时的用户名的方法

在 AnalysisUtils 类中，创建 readLoginUserName() 方法，从 SharedPreferences 中获取登录时的用户名，具体代码如【文件 4-4】所示。

【文件 4-4】AnalysisUtils.java

```
1  package com.boxuegu.utils;
2  import android.content.Context;
3  import android.content.SharedPreferences;
4  public class AnalysisUtils {
5    /**
6     * 从 SharedPreferences 中读取登录用户名
7     */
8   public static String readLoginUserName(Context context){
9          SharedPreferences sp=context.getSharedPreferences("loginInfo",
           Context.MODE_PRIVATE);
10         String userName=sp.getString("loginUserName", "");
11         return userName;
12   }
13 }
```

【任务 4-5】“我”的界面逻辑代码

【任务分析】

在“我”的界面中需要判断用户是否登录，若用户已经登录则显示用户名，若用户未登录则显示“点击登录”。若用户已经登录，当点击用户头像时跳转到个人资料界面，点击播放记录条目时跳转到播放记录界面，点击设置条目时跳转到设置界面。

【任务实施】

（1）创建 MyInfoView 类

选中 com.boxuegu 包，在该包下创建一个 view 包，在 view 包中创建一个 Java 类，名为 MyInfoView。

（2）读取 SharedPreferences 中的登录状态

由于“我”的界面需要根据登录状态来设置相应的图标和控件的显示，因此需要创建 readLoginStatus() 方法从 SharedPreferences 中读取登录状态。

（3）获取界面控件

创建界面控件的初始化方法 initView()，用于获取“我”的界面上所要用到的控件，并通过 readLoginStatus() 方法判断当前是否为登录状态，如果是，则需设置对应控件的状态。同时在此方法中还需处理控件的点击事件，具体代码如【文件 4-5】所示。

【文件 4-5】 MyInfoView.java

```
1  package com.boxuegu.view;
2  import android.app.Activity;
3  import android.content.Context;
4  import android.content.Intent;
5  import android.content.SharedPreferences;
6  import android.view.LayoutInflater;
7  import android.view.View;
8  import android.widget.ImageView;
9  import android.widget.LinearLayout;
10 import android.widget.RelativeLayout;
11 import android.widget.TextView;
12 import android.widget.Toast;
13 import com.boxuegu.R;
14 import com.boxuegu.activity.LoginActivity;
15 import com.boxuegu.utils.AnalysisUtils;
16 public class MyInfoView {
17     public ImageView iv_head_icon;
18     private LinearLayout ll_head;
19     private RelativeLayout rl_course_history,rl_setting;
20     private TextView tv_user_name;
21     private Activity mContext;
22     private LayoutInflater mInflater;
23     private View mCurrentView;
24     public MyInfoView(Activity context) {
25         mContext = context;
26         //为之后将 Layout 转化为 view 时用
27         mInflater = LayoutInflater.from(mContext);
```

```
28      }
29      private  void createView() {
30          initView();
31      }
32      /**
33       * 获取界面控件
34       */
35      private void initView() {
36          //设置布局文件
37          mCurrentView = mInflater.inflate(R.layout.main_view_myinfo, null);
38          ll_head= (LinearLayout) mCurrentView.findViewById(R.id.ll_head);
39          iv_head_icon=(ImageView) mCurrentView.findViewById(R.id.iv_head_icon);
40          rl_course_history=(RelativeLayout) mCurrentView.findViewById
            (R.id.rl_course_history);
41          rl_setting = (RelativeLayout) mCurrentView.findViewById(R.id.rl_
            setting);
42          tv_user_name=(TextView) mCurrentView.findViewById(R.id.tv_user_
            name);
43          mCurrentView.setVisibility(View.VISIBLE);
44          setLoginParams(readLoginStatus());//设置登录时界面控件的状态
45          ll_head.setOnClickListener(new View.OnClickListener() {
46              @Override
47              public void onClick(View v) {
48                  //判断是否已经登录
49                  if(readLoginStatus()){
50                      //已登录跳转到个人资料界面
51                  }else{
52                      //未登录跳转到登录界面
53                      Intent intent=new Intent(mContext,
                        LoginActivity.class);
54                      mContext.startActivityForResult(intent,1);
55                  }
56              }
57          });
58          rl_course_history.setOnClickListener(new
            View.OnClickListener() {
59              @Override
60              public void onClick(View v) {
61                  if(readLoginStatus()){
62                      //跳转到播放记录界面
63                  }else{
64                      Toast.makeText(mContext, "您还未登录，请先登录",
                        Toast.LENGTH_SHORT).show();
```

```
65                  }
66              }
67          });
68          rl_setting.setOnClickListener(new View.OnClickListener() {
69              @Override
70              public void onClick(View v) {
71                  if(readLoginStatus()){
72                      //跳转到设置界面
73                  }else{
74                      Toast.makeText(mContext, "您还未登录，请先登录",
                        Toast.LENGTH_SHORT).show();
75                  }
76              }
77          });
78      }
79      /**
80       * 登录成功后设置我的界面
81       */
82      public void setLoginParams(boolean isLogin){
83          if(isLogin){
84              tv_user_name.setText(AnalysisUtils.readLoginUserName
                (mContext));
85          }else{
86              tv_user_name.setText("点击登录");
87          }
88      }
89      /**
90       * 获取当前在导航栏上方显示对应的View
91       */
92      public View getView() {
93          if(mCurrentView == null) {
94              createView();
95          }
96          return mCurrentView;
97      }
98      /**
99       * 显示当前导航栏上方所对应的view界面
100      */
101     public void showView(){
102         if(mCurrentView == null){
103             createView();
104         }
105         mCurrentView.setVisibility(View.VISIBLE);
```

```
106     }
107     /**
108      * 从 SharedPreferences 中读取登录状态
109      */
110     private boolean readLoginStatus(){
111         SharedPreferences sp=mContext.getSharedPreferences("loginInfo",
112         Context.MODE_PRIVATE);
113         boolean isLogin=sp.getBoolean("isLogin", false);
114         return isLogin;
115     }
116 }
```

◎第 45 ~ 57 行代码设置头像和用户名的点击事件，首先判断用户是否登录，若用户已经登录则跳转到个人资料界面，若用户没有登录则跳转到登录界面。

◎第 58 ~ 67 行代码用于设置播放记录条目的点击事件，若用户已经登录则跳转到播放记录界面，若用户没有登录则提示用户需要先登录。

◎第 68 ~ 77 行代码用于设置设置条目的点击事件，若用户已经登录则跳转到设置界面，若用户没有登录则提示用户需要先登录。

（4）修改底部导航栏

“我”的界面创建好后，需要在底部导航栏逻辑中添加相应的代码，当点击“我”按钮时，加载“我”的界面。在【任务 4-2】MainActivity.java 文件中的第 40 行代码下方添加如下代码，并导入对应的包：

```
private MyInfoView mMyInfoView;
```

接下来在底部导航栏框架中添加相应的代码，找到 MainActivity.java 文件的 createView() 方法，当 case 为 2 时，在注释“// 我的界面”下方添加如下代码：

```
if(mMyInfoView==null) {
    mMyInfoView=new MyInfoView(this);
    mBodyLayout.addView(mMyInfoView.getView());
} else {
    mMyInfoView.getView();
}
    mMyInfoView.showView();
```

（5）修改登录成功时代码

当用户登录成功时，“我”的界面的用户名会重新设置，当用户登录成功时会显示课程界面。登录成功或者退出登录时会根据此时的登录状态对“我”的界面进行相应的设置。找到【任务 4-2】中的 MainActivity.java 文件，在该文件中重写 onActivityResult() 方法，并导入对应的包，具体代码如下：

```
@Override
protected void onActivityResult(int requestCode, int resultCode,
Intent data) {
    super.onActivityResult(requestCode, resultCode, data);
    if(data!=null){
        //从设置界面或登录界面传递过来的登录状态
        boolean isLogin=data.getBooleanExtra("isLogin",false);
        if(isLogin){                    //登录成功时显示课程界面
            clearBottomImageState();
            selectDisplayView(0);
        }
        if(mMyInfoView != null) {//登录成功或退出登录时根据 isLogin 设置我的界面
            mMyInfoView.setLoginParams(isLogin);
        }
    }
}
```

4.2 设置

综述

在设置界面主要包含了修改密码、设置密保、退出登录等功能。当用户点击“修改密码”时会跳转到修改密码界面，当用户点击“设置密保”时会跳转到设置密保界面，当点击“退出登录”时会退出当前登录账号。

【知识点】

◎ ImageView 控件、TextView 控件；

◎ SharedPreferences 的使用；

◎ setResult(RESULT_OK, data) 方法的使用。

【技能点】

◎掌握设置界面的设计和逻辑构思；

◎掌握如何清除 SharedPreferences 中的数据；

◎通过 setResult(RESULT_OK, data) 方法实现界面间的数据回传功能；

◎实现博学谷的退出登录功能。

【任务 4-6】设置界面

【任务分析】

根据任务综述可知设置界面有 3 个功能，分别为修改密码、设置密保和退出登录，界面效果如图 4-3 所示。

图 4-3 设置界面

【任务实施】

（1）创建设置界面

在 com.boxuegu.activity 包中创建一个 Activity 类，名为 SettingActivity，并将布局文件名指定为 activity_setting。在该布局文件中，通过 <include> 标签将 main_title_bar.xml（标题栏）引入。

（2）放置界面控件

在布局文件中，放置 5 个 View 控件，用于显示 5 条灰色分隔线；2 个 ImageView 控件，用于显示右边的箭头图片；3 个 TextView 控件用于显示界面文字（修改密码、设置密保和退出登录），具体代码如【文件 4-6】所示。

【文件 4-6】activity_setting.xml

```
1  <?xml version="1.0" encoding="utf-8"?>
2  <LinearLayout xmlns:android="http://schemas.android.com/apk/res/android"
3      android:layout_width="match_parent"
4      android:layout_height="match_parent"
5      android:background="@android:color/white"
6      android:orientation="vertical">
7      <include layout="@layout/main_title_bar" />
8      <View
9          android:layout_width="fill_parent"
10         android:layout_height="1dp"
11         android:layout_marginTop="15dp"
12         android:background="#E3E3E3" />
13     <RelativeLayout
14         android:id="@+id/rl_modify_psw"
15         android:layout_width="fill_parent"
16         android:layout_height="50dp"
17         android:background="#F7F8F8"
18         android:gravity="center_vertical"
19         android:paddingLeft="10dp"
20         android:paddingRight="10dp" >
21         <TextView
22             android:layout_width="wrap_content"
23             android:layout_height="wrap_content"
24             android:layout_centerVertical="true"
25             android:layout_marginLeft="25dp"
26             android:text=" 修改密码 "
```

```
27              android:textColor="#A3A3A3"
28              android:textSize="16sp" />
29          <ImageView
30              android:layout_width="15dp"
31              android:layout_height="15dp"
32              android:layout_alignParentRight="true"
33              android:layout_centerVertical="true"
34              android:layout_marginRight="25dp"
35              android:src="@drawable/iv_right_arrow" />
36      </RelativeLayout>
37      <View
38          android:layout_width="fill_parent"
39          android:layout_height="1dp"
40          android:background="#E3E3E3" />
41      <RelativeLayout
42          android:id="@+id/rl_security_setting"
43          android:layout_width="fill_parent"
44          android:layout_height="50dp"
45          android:background="#F7F8F8"
46          android:gravity="center_vertical"
47          android:paddingLeft="10dp"
48          android:paddingRight="10dp">
49          <TextView
50              android:layout_width="wrap_content"
51              android:layout_height="wrap_content"
52              android:layout_centerVertical="true"
53              android:layout_marginLeft="25dp"
54              android:text="设置密保"
55              android:textColor="#A3A3A3"
56              android:textSize="16sp" />
57          <ImageView
58              android:layout_width="15dp"
59              android:layout_height="15dp"
60              android:layout_alignParentRight="true"
61              android:layout_centerVertical="true"
62              android:layout_marginRight="25dp"
63              android:src="@drawable/iv_right_arrow" />
64      </RelativeLayout>
65      <View
66          android:layout_width="fill_parent"
67          android:layout_height="1dp"
68          android:background="#E3E3E3" />
69      <View
```

```
70          android:layout_width="fill_parent"
71          android:layout_height="1dp"
72          android:layout_marginTop="15dp"
73          android:background="#E3E3E3" />
74      <RelativeLayout
75          android:id="@+id/rl_exit_login"
76          android:layout_width="fill_parent"
77          android:layout_height="50dp"
78          android:background="#F7F8F8"
79          android:gravity="center_vertical"
80          android:paddingLeft="10dp"
81          android:paddingRight="10dp">
82          <TextView
83              android:layout_width="wrap_content"
84              android:layout_height="wrap_content"
85              android:layout_centerVertical="true"
86              android:layout_marginLeft="25dp"
87              android:text="退出登录"
88              android:textColor="#A3A3A3"
89              android:textSize="16sp" />
90      </RelativeLayout>
91      <View
92          android:layout_width="fill_parent"
93          android:layout_height="1dp"
94          android:background="#E3E3E3" />
95  </LinearLayout>
```

【任务 4-7】设置界面逻辑代码

【任务分析】

在设置界面中添加点击事件，当点击“修改密码”时跳转到修改密码界面，当点击“设置密保”时跳转到设置密保界面，当点击“退出登录”时清除登录状态和用户名，并且将退出的状态传递给 MainActivity。

【任务实施】

（1）获取界面控件

在 SettingActivity 中创建界面控件的初始化方法 init()，用于获取设置界面所要用到的控件以及设置后退按钮、修改密码、设置密保和退出登录的点击事件。

（2）清除 SharedPreferences 中的登录状态和登录时的用户名

由于点击“退出登录”时，需要清除 SharedPreferences 中的登录状态和登录时的用户名，因此需要创建 clearLoginStatus() 方法来实现此功能，具体代码如【文件 4-7】所示。

【文件 4-7】SettingActivity.java

```
1  package com.boxuegu.activity;
2  import android.content.Context;
3  import android.content.Intent;
4  import android.content.SharedPreferences;
5  import android.content.pm.ActivityInfo;
6  import android.graphics.Color;
7  import android.support.v7.app.AppCompatActivity;
8  import android.os.Bundle;
9  import android.view.View;
10 import android.widget.RelativeLayout;
11 import android.widget.TextView;
12 import android.widget.Toast;
13 import com.boxuegu.R;
14 public class SettingActivity extends AppCompatActivity {
15     private TextView tv_main_title;
16     private TextView tv_back;
17     private RelativeLayout rl_title_bar;
18     private RelativeLayout rl_modify_psw,rl_security_setting,rl_exit_
       login;
19     public static SettingActivity instance=null;
20     @Override
21     protected void onCreate(Bundle savedInstanceState) {
22         super.onCreate(savedInstanceState);
23         setContentView(R.layout.activity_setting);
24         //设置此界面为竖屏
25         setRequestedOrientation(ActivityInfo.SCREEN_ORIENTATION_PORTRAIT);
26         instance=this;
27         init();
28     }
29     /**
30      * 获取界面控件
31      */
32     private void init(){
33         tv_main_title=(TextView) findViewById(R.id.tv_main_title);
34         tv_main_title.setText("设置");
35         tv_back=(TextView) findViewById(R.id.tv_back);
36         rl_title_bar=(RelativeLayout) findViewById(R.id.title_bar);
37         rl_title_bar.setBackgroundColor(Color.parseColor("#30B4FF"));
38         rl_modify_psw=(RelativeLayout) findViewById(R.id.rl_modify_psw);
39         rl_security_setting=(RelativeLayout) findViewById(R.id.rl_security_
           setting);
```

```
40          rl_exit_login=(RelativeLayout) findViewById(R.id.rl_exit_login);
41          tv_back.setOnClickListener(new View.OnClickListener() {
42              @Override
43              public void onClick(View v) {
44                  SettingActivity.this.finish();
45              }
46          });
47          //修改密码的点击事件
48          rl_modify_psw.setOnClickListener(new View.OnClickListener() {
49              @Override
50              public void onClick(View v) {
51                  //跳转到修改密码的界面
52              }
53          });
54          //设置密保的点击事件
55          rl_security_setting.setOnClickListener(new
            View.OnClickListener() {
56              @Override
57              public void onClick(View v) {
58                  //跳转到设置密保界面
59              }
60          });
61          //退出登录的点击事件
62          rl_exit_login.setOnClickListener(new View.OnClickListener() {
63              @Override
64              public void onClick(View v) {
65                  Toast.makeText(SettingActivity.this, "退出登录成功",
                    Toast.LENGTH_SHORT).show();
66                  clearLoginStatus();//清除登录状态和登录时的用户名
67                  //退出登录成功后把退出成功的状态传递到MainActivity中
68                  Intent data=new Intent();
69                  data.putExtra("isLogin", false);
70                  setResult(RESULT_OK, data);
71                  SettingActivity.this.finish();
72              }
73          });
74      }
75      /**
76       * 清除SharedPreferences中的登录状态和登录时的用户名
77       */
78      private void clearLoginStatus(){
79          SharedPreferences sp=getSharedPreferences("loginInfo", Context.
            MODE_PRIVATE);
```

```
80          SharedPreferences.Editor editor=sp.edit();  //获取编辑器
81          editor.putBoolean("isLogin", false);         //清除登录状态
82          editor.putString("loginUserName", "");       //清除用户名
83          editor.commit();                             //提交修改
84      }
85  }
```

◎第 48 ~ 53 行代码用于设置修改密码的点击事件，当点击“修改密码”时跳转到修改密码界面（修改密码界面暂未创建）。

◎第 55 ~ 60 行代码用于设置密保的点击事件，当点击“设置密保”时跳转到设置密保界面（设置密保界面暂未创建）。

◎第 62 ~ 73 行代码用于设置退出登录的点击事件，当点击“退出登录”时清除用户名和登录状态，同时将退出成功的状态码传递给 MainActivity。

◎第 78 ~ 84 行代码用于清除登录状态和登录的用户名。

（3）修改“我”的界面

由于设置界面是通过“我”的界面跳转的，因此需要在“我”的界面的逻辑方法中添加相应的代码。找到【任务 4-5】MyInfoView.java 文件中的 initView() 方法，在注释“//跳转到设置界面”下方添加如下代码，并导入对应的包。

```
Intent intent=new Intent(mContext,SettingActivity.class);
mContext.startActivityForResult(intent,1);
```

4.3 修改密码

修改密码界面主要是让用户能够在必要时去修改密码，保证用户信息的安全性。修改密码需要输入一次原始密码和两次新密码来防止用户输入错误，密码修改成功后需要把 SharedPreferences 中用户的旧密码修改成新密码。

【知识点】

◎ EditText 控件、Button 控件；

◎ SharedPreferences 的使用。

【技能点】

◎掌握修改密码界面的设计和逻辑构思；

◎掌握如何修改 SharedPreferences 中的数据；

◎实现博学谷的修改密码功能。

【任务 4-8】修改密码界面

修改密码界面主要是让用户在必要时修改自己的原始密码，从而保证用户信息的安全性，界面效果如图 4-4 所示。

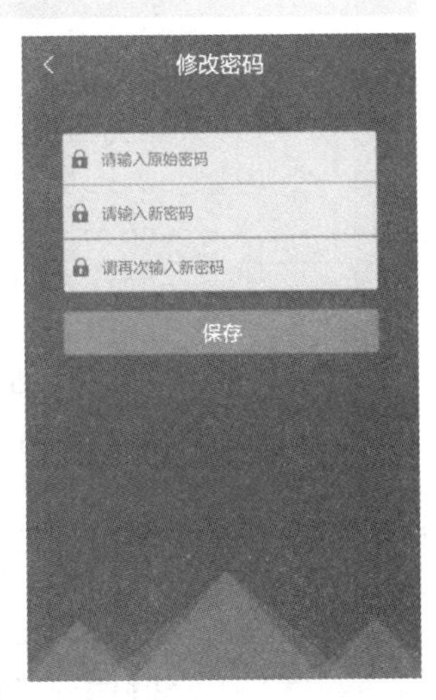

图 4-4 修改密码界面

【任务实施】

（1）创建修改密码界面

在 com.boxuegu.activity 包中，创建一个 Activity 类，名为 ModifyPswActivity，并将布局文件名指定为 activity_modify_psw。在该布局文件中，通过 <include> 标签将 main_title_bar.xml（标题栏）引入。

（2）放置界面控件

在布局文件中，放置 3 个 EditText 控件，分别用于输入原始密码、新密码、再次输入新密码；1 个 Button 控件作为保存按钮，具体代码如【文件 4-8】所示。

【文件 4-8】activity_modify_psw.xml

```
1   <?xml version="1.0" encoding="utf-8"?>
2   <LinearLayout xmlns:android="http://schemas.android.com/apk/res/android"
3       android:layout_width="match_parent"
4       android:layout_height="match_parent"
5       android:background="@drawable/register_bg"
6       android:orientation="vertical" >
7       <include layout="@layout/main_title_bar" />
8       <EditText
9           android:id="@+id/et_original_psw"
10          android:layout_width="fill_parent"
11          android:layout_height="48dp"
12          android:layout_gravity="center_horizontal"
13          android:layout_marginLeft="35dp"
14          android:layout_marginRight="35dp"
15          android:layout_marginTop="35dp"
16          android:background="@drawable/register_user_name_bg"
17          android:drawableLeft="@drawable/psw_icon"
18          android:drawablePadding="10dp"
19          android:gravity="center_vertical"
20          android:hint=" 请输入原始密码 "
21          android:inputType="textPassword"
22          android:paddingLeft="8dp"
23          android:textColor="#000000"
24          android:textColorHint="#a3a3a3"
25          android:textSize="14sp" />
```

```
26        <EditText
27            android:id="@+id/et_new_psw"
28            android:layout_width="fill_parent"
29            android:layout_height="48dp"
30            android:layout_gravity="center_horizontal"
31            android:layout_marginLeft="35dp"
32            android:layout_marginRight="35dp"
33            android:background="@drawable/register_psw_bg"
34            android:drawableLeft="@drawable/psw_icon"
35            android:drawablePadding="10dp"
36            android:hint="请输入新密码"
37            android:inputType="textPassword"
38            android:paddingLeft="8dp"
39            android:singleLine="true"
40            android:textColor="#000000"
41            android:textColorHint="#a3a3a3"
42            android:textSize="14sp" />
43        <EditText
44            android:id="@+id/et_new_psw_again"
45            android:layout_width="fill_parent"
46            android:layout_height="48dp"
47            android:layout_gravity="center_horizontal"
48            android:layout_marginLeft="35dp"
49            android:layout_marginRight="35dp"
50            android:background="@drawable/register_psw_again_bg"
51            android:drawableLeft="@drawable/psw_icon"
52            android:drawablePadding="10dp"
53            android:hint="请再次输入新密码"
54            android:inputType="textPassword"
55            android:paddingLeft="8dp"
56            android:singleLine="true"
57            android:textColor="#000000"
58            android:textColorHint="#a3a3a3"
59            android:textSize="14sp" />
60        <Button
61            android:id="@+id/btn_save"
62            android:layout_width="fill_parent"
63            android:layout_height="40dp"
64            android:layout_gravity="center_horizontal"
65            android:layout_marginLeft="35dp"
66            android:layout_marginRight="35dp"
67            android:layout_marginTop="15dp"
68            android:background="@drawable/register_selector"
```

```
69          android:text=" 保存 "
70          android:textColor="@android:color/white"
71          android:textSize="18sp" />
72 </LinearLayout>
```

【任务 4-9】修改密码界面逻辑代码

【任务分析】

根据图 4-4 可知，修改密码界面主要用于输入原始密码、新密码、再次输入新密码。输入的原始密码与从 SharedPreferences 中读取的原始密码必须一致，输入的新密码与原始密码不能相同，再次输入的新密码与输入的新密码必须相同。以上条件都符合之后，点击“保存”按钮提示新密码设置成功，同时修改 SharedPreferences 中的原始密码。

【任务实施】

（1）获取界面控件

在 ModifyPswActivity 中创建界面控件的初始化方法 init()，用于获取修改密码界面所要用到的控件以及设置后退按钮和“保存”按钮的点击事件。

（2）修改 SharedPreferences 中的原始密码

由于设置新密码成功时需要修改保存在 SharedPreferences 中的原始密码，因此需要创建 modifyPsw() 方法来实现此功能，具体代码如【文件 4-9】所示。

【文件 4-9】ModifyPswActivity.java

```
1  package com.boxuegu.activity;
2  import android.content.Intent;
3  import android.content.SharedPreferences;
4  import android.content.pm.ActivityInfo;
5  import android.support.v7.app.AppCompatActivity;
6  import android.os.Bundle;
7  import android.text.TextUtils;
8  import android.view.View;
9  import android.widget.Button;
10 import android.widget.EditText;
11 import android.widget.TextView;
12 import android.widget.Toast;
13 import com.boxuegu.R;
14 import com.boxuegu.utils.AnalysisUtils;
15 import com.boxuegu.utils.MD5Utils;
16 public class ModifyPswActivity extends AppCompatActivity {
17     private TextView tv_main_title;
18     private TextView tv_back;
19     private EditText et_original_psw,et_new_psw,et_new_psw_again;
20     private Button btn_save;
```

```
21      private String originalPsw,newPsw,newPswAgain;
22      private String userName;
23      @Override
24      protected void onCreate(Bundle savedInstanceState) {
25          super.onCreate(savedInstanceState);
26          setContentView(R.layout.activity_modify_psw);
27          //设置此界面为竖屏
28          setRequestedOrientation(ActivityInfo.SCREEN_ORIENTATION_PORTRAIT);
29          init();
30          userName= AnalysisUtils.readLoginUserName(this);
31      }
32      /**
33       * 获取界面控件并处理相关控件的点击事件
34       */
35      private void init(){
36          tv_main_title=(TextView) findViewById(R.id.tv_main_title);
37          tv_main_title.setText("修改密码");
38          tv_back=(TextView) findViewById(R.id.tv_back);
39          et_original_psw=(EditText) findViewById(R.id.et_original_psw);
40          et_new_psw=(EditText) findViewById(R.id.et_new_psw);
41          et_new_psw_again=(EditText) findViewById(R.id.et_new_psw_again);
42          btn_save=(Button) findViewById(R.id.btn_save);
43          tv_back.setOnClickListener(new View.OnClickListener() {
44              @Override
45              public void onClick(View v) {
46                  ModifyPswActivity.this.finish();
47              }
48          });
49          //保存按钮的点击事件
50          btn_save.setOnClickListener(new View.OnClickListener() {
51              @Override
52              public void onClick(View v) {
53                  getEditString();
54                  if(TextUtils.isEmpty(originalPsw)) {
55                      Toast.makeText(ModifyPswActivity.this, "请输入
                        原始密码", Toast.LENGTH_SHORT).show();
56                      return;
57                  } else if(!MD5Utils.md5(originalPsw).equals(readPsw())) {
58                      Toast.makeText(ModifyPswActivity.this, "输入的
                        密码与原始密码不一致", Toast.LENGTH_SHORT).show();
59                      return;
60                  } else if(MD5Utils.md5(newPsw).equals(readPsw())){
61                      Toast.makeText(ModifyPswActivity.this, "输入的
```

```
                    新密码与原始密码不能一致",Toast.LENGTH_SHORT).show();
62                  return;
63              } else if(TextUtils.isEmpty(newPsw)) {
64                  Toast.makeText(ModifyPswActivity.this, "请输入
                    新密码",Toast.LENGTH_SHORT).show();
65                  return;
66              } else if(TextUtils.isEmpty(newPswAgain)) {
67                  Toast.makeText(ModifyPswActivity.this, "请再次
                    输入新密码",Toast.LENGTH_SHORT).show();
68                  return;
69              } else if(!newPsw.equals(newPswAgain)) {
70                  Toast.makeText(ModifyPswActivity.this, "两次输
                    入的新密码不一致",Toast.LENGTH_SHORT).show();
71                  return;
72              } else {
73                  Toast.makeText(ModifyPswActivity.this, "新密码
                    设置成功",Toast.LENGTH_SHORT).show();
74                  //修改登录成功时保存在 SharedPreferences 中的密码
75                  modifyPsw(newPsw);
76                  Intent intent = new Intent(ModifyPswActivity.this,
                    LoginActivity.class);
77                  startActivity(intent);
78                  SettingActivity.instance.finish();//关闭设置界面
79                  ModifyPswActivity.this.finish();  //关闭本界面
80              }
81          }
82      });
83  }
84  /**
85   * 获取控件上的字符串
86   */
87  private void getEditString(){
88      originalPsw=et_original_psw.getText().toString().trim();
89      newPsw=et_new_psw.getText().toString().trim();
90      newPswAgain=et_new_psw_again.getText().toString().trim();
91  }
92  /**
93   * 修改登录成功时保存在 SharedPreferences 中的密码
94   */
95  private void modifyPsw(String newPsw){
96      String md5Psw= MD5Utils.md5(newPsw);          //把密码用 MD5 加密
97      SharedPreferences sp=getSharedPreferences("loginInfo",
```

```
        MODE_PRIVATE);
98          SharedPreferences.Editor editor=sp.edit();// 获取编辑器
99          editor.putString(userName, md5Psw);        // 保存新密码
100         editor.commit();                           // 提交修改
101     }
102     /**
103      * 从 SharedPreferences 中读取原始密码
104      */
105     private String readPsw(){
106         SharedPreferences sp=getSharedPreferences("loginInfo",
            MODE_PRIVATE);
107         String spPsw=sp.getString(userName, "");
108         return spPsw;
109     }
110 }
```

◎第 50 ~ 82 行代码用于设置保存按钮的点击事件，当点击“保存”按钮时需要验证原始密码是否正确，之后需要验证新输入的密码是否相同，同时需要保证新密码和原始密码不能相同。最后将修改成功后的密码保存到 SharedPreferences 中，同时页面跳转到登录界面。

◎第 95 ~ 101 行代码用于将新密码保存到 SharedPreferences 中。

◎第 105 ~ 109 行代码用于获取 SharedPreferences 中的原始密码。

（3）修改设置界面

由于修改密码界面是通过设置界面跳转的，因此需要找到【任务 4-7】SettingActivity.java 文件中的 init() 方法，在注释“// 跳转到修改密码的界面”下方添加如下代码：

```
Intent intent=new Intent(SettingActivity.this,ModifyPswActivity.class);
startActivity(intent);
```

4.4 设置密保和找回密码

综述

根据功能展示可知，设置密保界面和找回密码界面基本相同，同时两个界面的代码逻辑也十分相似，因此这两个界面可以使用同一个布局文件，也可以使用同一个 Activity 来处理逻辑代码。设置密保主要是将当前用户输入的姓名作为密保，找回密码是根据用户输入的用户名和密保姓名将该用户的密码重置为初始密码 123456（由于之前保存的密码是经过 MD5 加密的，MD5 是不可逆的，所以之前的密码不能获取明文）。

【知识点】

◎ EditText 控件、TextView 控件、Button 控件；

◎ SharedPreferences 的使用。

【技能点】

◎掌握设置密保和找回密码界面的设计和逻辑构思；

◎掌握如何获取和修改 SharedPreferences 中的数据；

◎实现博学谷的设置密保功能；

◎实现博学谷的找回密码功能。

【任务 4-10】设置密保与找回密码界面

【任务分析】

设置密保界面主要用于输入要设为密保的姓名，找回密码界面可以根据用户当前输入的用户名和设为密保的姓名是否相同来找回密码，界面效果如图 4-5 所示。

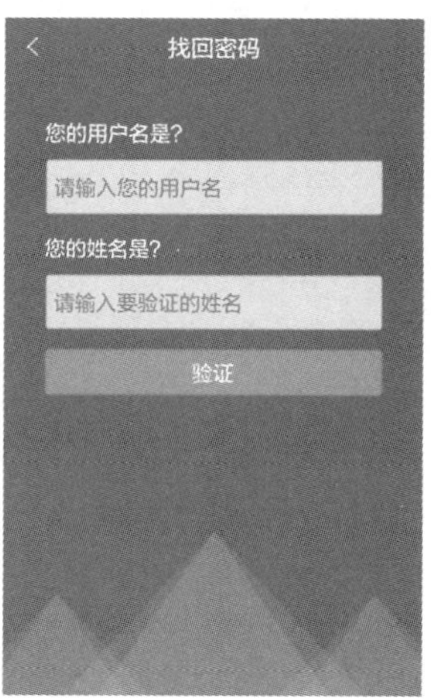

图 4-5　设置密保和找回密码界面

【任务实施】

（1）创建设置密保和找回密码界面

在 com.boxuegu.activity 包中，创建一个 Activity 类，名为 FindPswActivity，并将布局文件名指定为 activity_find_psw。在该布局文件中，通过 <include> 标签将 main_title_bar.xml（标题栏）引入，将界面所需图片 find_psw_icon.png 导入 drawable 文件夹中。

（2）放置界面控件

在布局文件中，放置 2 个 EditText 控件，用于输入用户名和姓名；3 个 TextView 控件，1 个用于显示密码（此控件暂时隐藏），其余 2 个分别用于显示“您的用户名是？”和“您的姓名是？”文字；1 个 Button 控件作为验证按钮，具体代码如【文件 4-10】所示。

【文件 4-10】activity_find_psw.xml

```
1  <?xml version="1.0" encoding="utf-8"?>
2  <LinearLayout xmlns:android="http://schemas.android.com/apk/res/android"
3      android:layout_width="match_parent"
4      android:layout_height="match_parent"
5      android:background="@drawable/login_bg"
6      android:orientation="vertical" >
7      <include layout="@layout/main_title_bar" />
8      <TextView
9          android:id="@+id/tv_user_name"
10         android:layout_width="fill_parent"
11         android:layout_height="wrap_content"
12         android:layout_marginLeft="35dp"
13         android:layout_marginRight="35dp"
14         android:layout_marginTop="35dp"
15         android:text=" 您的用户名是？ "
16         android:textColor="@android:color/white"
17         android:textSize="18sp"
18         android:visibility="gone" />
19     <EditText
20         android:id="@+id/et_user_name"
21         android:layout_width="fill_parent"
22         android:layout_height="48dp"
23         android:layout_marginLeft="35dp"
24         android:layout_marginRight="35dp"
25         android:layout_marginTop="10dp"
26         android:background="@drawable/find_psw_icon"
27         android:hint=" 请输入您的用户名 "
28         android:paddingLeft="8dp"
29         android:singleLine="true"
30         android:textColor="#000000"
31         android:textColorHint="#a3a3a3"
32         android:visibility="gone" />
33     <TextView
34         android:layout_width="fill_parent"
35         android:layout_height="wrap_content"
36         android:layout_marginLeft="35dp"
37         android:layout_marginRight="35dp"
38         android:layout_marginTop="15dp"
39         android:text=" 您的姓名是？ "
40         android:textColor="@android:color/white"
41         android:textSize="18sp" />
```

```
42      <EditText
43          android:id="@+id/et_validate_name"
44          android:layout_width="fill_parent"
45          android:layout_height="48dp"
46          android:layout_marginLeft="35dp"
47          android:layout_marginRight="35dp"
48          android:layout_marginTop="10dp"
49          android:background="@drawable/find_psw_icon"
50          android:hint=" 请输入要验证的姓名 "
51          android:paddingLeft="8dp"
52          android:singleLine="true"
53          android:textColor="#000000"
54          android:textColorHint="#a3a3a3" />
55      <TextView
56          android:id="@+id/tv_reset_psw"
57          android:layout_width="fill_parent"
58          android:layout_height="wrap_content"
59          android:layout_marginLeft="35dp"
60          android:layout_marginRight="35dp"
61          android:layout_marginTop="10dp"
62          android:gravity="center_vertical"
63          android:textColor="@android:color/white"
64          android:textSize="15sp"
65          android:visibility="gone" />
66      <Button
67          android:id="@+id/btn_validate"
68          android:layout_width="fill_parent"
69          android:layout_height="40dp"
70          android:layout_gravity="center_horizontal"
71          android:layout_marginLeft="35dp"
72          android:layout_marginRight="35dp"
73          android:layout_marginTop="15dp"
74          android:background="@drawable/register_selector"
75          android:text=" 验证 "
76          android:textColor="@android:color/white"
77          android:textSize="18sp" />
78  </LinearLayout>
```

◎第 8 ～ 32 行代码将显示提示文本的 TextView 和用于输入用户名的 EditText 设为隐藏状态，通过属性 android:visibility="gone"，当跳转到找回密码界面时，通过代码将这两个控件设为显示。

【任务 4-11】设置密保与找回密码界面逻辑代码

【任务分析】

根据任务综述可知，设置密保界面和找回密码界面用的同一个 Activity，在这个 Activity 中主要是根据从设置界面和登录界面传递过来的 from 参数的值来判断要跳转到哪个界面，若值为 security 则处理的是设置密保的界面，否则处理的就是找回密码的界面。设置密保界面的逻辑主要是保存用户输入的姓名到 SharedPreferences 中，找回密码界面的逻辑主要是把 SharedPreferences 中用户名对应的原始密码修改为“123456”。

【任务实施】

（1）获取界面控件

在 FindPswActivity 中创建界面控件的初始化方法 init()，用于获取修改密码界面所要用到的控件以及设置后退按钮、“保存”按钮的点击事件。

（2）保存密保

由于在设置密保界面需要保存用户输入的姓名到 SharedPreferences 中，因此需要创建 saveSecurity() 方法来保存。

（3）保存初始化密码到 SharedPreferences 中

在找回密码界面，创建 isExistUserName() 方法来判断用户输入的用户名是否存在，若存在，则创建 readSecurity() 方法来获取此用户之前设置过的密保，若用户输入的密保和从 SharedPreferences 中获取的密保一致，则创建 savePsw() 方法把此用户原来的密码保存为“123456”（由于原来的密码不能获取明文，因此重置此账户的密码为初始密码“123456”），具体代码如【文件 4-11】所示。

【文件 4-11】FindPswActivity.java

```
1  package com.boxuegu.activity;
2  import android.content.Context;
3  import android.content.SharedPreferences;
4  import android.content.pm.ActivityInfo;
5  import android.support.v7.app.AppCompatActivity;
6  import android.os.Bundle;
7  import android.text.TextUtils;
8  import android.view.View;
9  import android.widget.Button;
10 import android.widget.EditText;
11 import android.widget.TextView;
12 import android.widget.Toast;
13 import com.boxuegu.R;
14 import com.boxuegu.utils.AnalysisUtils;
15 import com.boxuegu.utils.MD5Utils;
```

```
16 public class FindPswActivity extends AppCompatActivity {
17     private EditText et_validate_name,et_user_name;
18     private Button btn_validate;
19     private TextView tv_main_title;
20     private TextView tv_back;
21     //from 为 security 时是从设置密保界面跳转过来的，否则就是从登录界面跳转过来的
22     private String from;
23     private TextView tv_reset_psw,tv_user_name;
24     @Override
25     protected void onCreate(Bundle savedInstanceState) {
26         super.onCreate(savedInstanceState);
27         setContentView(R.layout.activity_find_psw);
28         //设置此界面为竖屏
29         setRequestedOrientation(ActivityInfo.SCREEN_ORIENTATION_PORTRAIT);
30         //获取从登录界面和设置界面传递过来的数据
31         from=getIntent().getStringExtra("from");
32         init();
33     }
34     /**
35      * 获取界面控件及处理相应控件的点击事件
36      */
37     private void init(){
38         tv_main_title=(TextView) findViewById(R.id.tv_main_title);
39         tv_back=(TextView) findViewById(R.id.tv_back);
40         et_validate_name=(EditText) findViewById(R.id.et_validate_name);
41         btn_validate=(Button) findViewById(R.id.btn_validate);
42         tv_reset_psw=(TextView) findViewById(R.id.tv_reset_psw);
43         et_user_name=(EditText) findViewById(R.id.et_user_name);
44         tv_user_name=(TextView) findViewById(R.id.tv_user_name);
45         if("security".equals(from)){
46             tv_main_title.setText("设置密保");
47         }else{
48             tv_main_title.setText("找回密码");
49             tv_user_name.setVisibility(View.VISIBLE);
50             et_user_name.setVisibility(View.VISIBLE);
51         }
52         tv_back.setOnClickListener(new View.OnClickListener() {
53             @Override
54             public void onClick(View v) {
55                 FindPswActivity.this.finish();
56             }
57         });
58         btn_validate.setOnClickListener(new View.OnClickListener() {
```

```
59              @Override
60              public void onClick(View v) {
61                  String validateName=et_validate_name.getText().
                    toString().trim();
62                  if("security".equals(from)){//设置密保
63                      if(TextUtils.isEmpty(validateName)){
64                          Toast.makeText(FindPswActivity.this,
                            "请输入要验证的姓名",Toast.LENGTH_SHORT).show();
65                          return;
66                      }else{
67                          Toast.makeText(FindPswActivity.this, "密保
                            设置成功",Toast.LENGTH_SHORT).show();
68                          //保存密保到SharedPreferences中
69                          saveSecurity(validateName);
70                          FindPswActivity.this.finish();
71                      }
72                  }else{//找回密码
73                      String userName=et_user_name.getText().
                        toString().trim();
74                      String sp_security=readSecurity(userName);
75                      if(TextUtils.isEmpty(userName)){
76                          Toast.makeText(FindPswActivity.this, "请输
                            入您的用户名",Toast.LENGTH_SHORT).show();
77                          return;
78                      }else if(!isExistUserName(userName)){
79                          Toast.makeText(FindPswActivity.this, "您输
                            入的用户名不存在",Toast.LENGTH_SHORT).show();
80                          return;
81                      }else if(TextUtils.isEmpty(validateName)){
82                          Toast.makeText(FindPswActivity.this, "请输
                            入要验证的姓名", Toast.LENGTH_SHORT).show();
83                          return;
84                      }if(!validateName.equals(sp_security)){
85                          Toast.makeText(FindPswActivity.this, "输入
                            的密保不正确",Toast.LENGTH_SHORT).show();
86                          return;
87                      }else{
88                          //输入的密保正确,重新给用户设置一个密码
89                          tv_reset_psw.setVisibility(View.VISIBLE);
90                          tv_reset_psw.setText("初始密码: 123456");
91                          savePsw(userName);
92                      }
```

```
93                  }
94              }
95          });
96      }
97      /**
98       * 保存初始化的密码
99       */
100     private void savePsw(String userName){
101         String md5Psw= MD5Utils.md5("123456");       //把密码用MD5加密
102         SharedPreferences sp=getSharedPreferences("loginInfo",
            MODE_PRIVATE);
103         SharedPreferences.Editor editor=sp.edit();//获取编辑器
104         editor.putString(userName, md5Psw);
105         editor.commit();                             //提交修改
106     }
107     /**
108      * 保存密保到SharedPreferences中
109      */
110     private void saveSecurity(String validateName){
111         SharedPreferences sp=getSharedPreferences("loginInfo",
            MODE_PRIVATE);
112         SharedPreferences.Editor editor=sp.edit();//获取编辑器
113         editor.putString(AnalysisUtils.readLoginUserName(this)+"_security",
            validateName);                              //存入用户对应的密保
114         editor.commit();                            //提交修改
115     }
116     /**
117      * 从SharedPreferences中读取密保
118      */
119     private String readSecurity(String userName){
120         SharedPreferences sp=getSharedPreferences("loginInfo",
            Context.MODE_PRIVATE);
121         String security=sp.getString(userName+"_security", "");
122         return security;
123     }
124     /**
125      * 从SharedPreferences中根据用户输入的用户名来判断是否有此用户
126      */
127     private boolean isExistUserName(String userName){
128         boolean hasUserName=false;
129         SharedPreferences sp=getSharedPreferences("loginInfo",
            MODE_PRIVATE);
130         String spPsw=sp.getString(userName, "");
```

```
131         if(!TextUtils.isEmpty(spPsw)) {
132             hasUserName=true;
133         }
134         return hasUserName;
135     }
136 }
```

◎第 45 ~ 51 行代码通过 from 判断当前是哪个界面，若是设置密保界面，则将界面标题栏设置为“设置密保”；若为找回密码界面，则将界面标题栏设为“找回密码”，同时将输入用户名的 EditText 控件和其相应的 TextView 控件设为显示状态。

◎第 62 ~ 71 行代码用于设置密保，当点击“验证”按钮时，若 from 的值与“security”相同时，则进入设置密保逻辑。首先判断设置密保输入框是否为空，若为空则提示用户输入姓名，若不为空则将密保信息保存到 SharedPreferences 中。

◎第 73 ~ 92 行代码用于找回密码，当输入的用户名和密保正确时，将显示密保的 TextView 控件设为可见，并显示初始密码为“123456”，同时将初始后的密码进行保存。

◎第 100 ~ 106 行代码用于将初始密码“123456”保存到 SharedPreferences 中。

（4）修改登录界面

由于找回密码界面是通过登录界面跳转的，因此需要找到登录模块中的【任务 3-8】LoginActivity.java 文件中的 init() 方法，在注释“// 跳转到找回密码界面”下方添加如下代码：

```
Intent intent=new Intent(LoginActivity.this,FindPswActivity.class);
startActivity(intent);
```

（5）修改设置界面

由于设置密保界面是通过设置界面跳转的，因此需要找到【任务 4-7】SettingActivity.java 文件中的 init() 方法，在注释“// 跳转到设置密保界面”下方添加如下代码：

```
Intent intent=new Intent(SettingActivity.this,FindPswActivity.class);
intent.putExtra("from", "security");
startActivity(intent);
```

小　　结

本章主要讲解了底部导航栏、设置界面、修改密码、设置密保、找回密码等功能。读者通过本章的学习，可以掌握界面的搭建过程以及简单的界面开发与数据存储。

【思考题】

1. 博学谷项目中如何实现底部导航栏？
2. 博学谷项目中如何设置密保？

第5章

个人资料模块

学习目标

◎掌握 SQLite 数据库的使用，能够使用数据库保存用户信息；

◎掌握个人资料界面的创建，并能实现个人资料的修改。

博学谷项目的个人资料模块主要用于展示用户的基本信息，同时用户可以对个人资料中的昵称、性别和签名进行修改。本章将针对个人资料模块进行详细讲解。

5.1 个人资料

个人资料界面主要用于显示用户信息，其中包含用户头像、用户名、昵称、性别和签名，除了头像和用户名不可修改之外，其余信息均可修改。当注册一个新用户并第一次进入个人资料界面时，除用户名以外的信息均使用默认值，当修改个人资料信息时需要使用 SQLite 数据库进行保存。

【知识点】

◎ SQLite 数据库的使用。

【技能点】

◎掌握个人资料界面的设计与逻辑构思；

◎掌握如何修改性别属性的值；

◎通过 SQLite 数据库实现昵称、性别、签名的保存功能。

【任务 5-1】个人资料界面

【任务分析】

个人资料界面主要用于展示用户的个人信息，包括头像、用户名、昵称、性别和签名，界面效果如图 5-1 所示。

图 5-1　个人资料界面

【任务实施】

（1）创建个人资料界面

在 com.boxuegu.activity 包中创建一个 Activity 类，名为 UserInfoActivity，并将布局文件名指定为 activity_user_info。在该布局文件中，通过 <include> 标签将 main_title_bar.xml（标题栏）引入。

（2）放置界面控件

在布局文件中，放置 1 个 ImageView 控件显示头像；5 个 TextView 控件显示每行标题（头像、用户名、昵称、性别、签名）；4 个 TextView 控件显示对应的属性值；5 个 View 控件显示 5 条灰色分隔线，具体代码如【文件 5-1】所示。

【文件 5-1】activity_user_info.xml

```
1  <?xml version="1.0" encoding="utf-8"?>
2  <LinearLayout xmlns:android="http://schemas.android.com/apk/res/android"
3      android:layout_width="match_parent"
4      android:layout_height="match_parent"
5      android:background="@android:color/white"
6      android:orientation="vertical" >
7      <include layout="@layout/main_title_bar" />
8      <RelativeLayout
9          android:id="@+id/rl_head"
10         android:layout_width="fill_parent"
11         android:layout_height="60dp"
12         android:layout_marginLeft="15dp"
13         android:layout_marginRight="15dp" >
14         <TextView
15             android:layout_width="wrap_content"
16             android:layout_height="wrap_content"
17             android:layout_centerVertical="true"
18             android:text="头      像"
19             android:textColor="#000000"
```

```
20              android:textSize="16sp" />
21          <ImageView
22              android:id="@+id/iv_head_icon"
23              android:layout_width="40dp"
24              android:layout_height="40dp"
25              android:layout_alignParentRight="true"
26              android:layout_centerVertical="true"
27              android:src="@drawable/default_icon" />
28      </RelativeLayout>
29      <View
30          android:layout_width="fill_parent"
31          android:layout_height="1dp"
32          android:background="#E4E4E4" />
33      <RelativeLayout
34          android:id="@+id/rl_account"
35          android:layout_width="fill_parent"
36          android:layout_height="60dp"
37          android:layout_marginLeft="15dp"
38          android:layout_marginRight="15dp" >
39          <TextView
40              android:layout_width="wrap_content"
41              android:layout_height="wrap_content"
42              android:layout_centerVertical="true"
43              android:text="用户名"
44              android:textColor="#000000"
45              android:textSize="16sp" />
46          <TextView
47              android:id="@+id/tv_user_name"
48              android:layout_width="wrap_content"
49              android:layout_height="wrap_content"
50              android:layout_alignParentRight="true"
51              android:layout_centerVertical="true"
52              android:layout_marginRight="5dp"
53              android:textColor="#a3a3a3"
54              android:textSize="14sp" />
55      </RelativeLayout>
56      <View
57          android:layout_width="fill_parent"
58          android:layout_height="1dp"
59          android:background="#E4E4E4" />
60      <RelativeLayout
```

```
61          android:id="@+id/rl_nickName"
62          android:layout_width="fill_parent"
63          android:layout_height="60dp"
64          android:layout_marginLeft="15dp"
65          android:layout_marginRight="15dp" >
66          <TextView
67              android:layout_width="wrap_content"
68              android:layout_height="wrap_content"
69              android:layout_centerVertical="true"
70              android:text="昵      称"
71              android:textColor="#000000"
72              android:textSize="16sp" />
73          <TextView
74              android:id="@+id/tv_nickName"
75              android:layout_width="wrap_content"
76              android:layout_height="wrap_content"
77              android:layout_alignParentRight="true"
78              android:layout_centerVertical="true"
79              android:layout_marginRight="5dp"
80              android:singleLine="true"
81              android:textColor="#a3a3a3"
82              android:textSize="14sp" />
83      </RelativeLayout>
84      <View
85          android:layout_width="fill_parent"
86          android:layout_height="1dp"
87          android:background="#E4E4E4" />
88      <RelativeLayout
89          android:id="@+id/rl_sex"
90          android:layout_width="fill_parent"
91          android:layout_height="60dp"
92          android:layout_marginLeft="15dp"
93          android:layout_marginRight="15dp" >
94          <TextView
95              android:layout_width="wrap_content"
96              android:layout_height="wrap_content"
97              android:layout_centerVertical="true"
98              android:text="性      别"
99              android:textColor="#000000"
100             android:textSize="16sp" />
101         <TextView
```

```
102            android:id="@+id/tv_sex"
103            android:layout_width="wrap_content"
104            android:layout_height="wrap_content"
105            android:layout_alignParentRight="true"
106            android:layout_centerVertical="true"
107            android:layout_marginRight="5dp"
108            android:textColor="#a3a3a3"
109            android:textSize="14sp" />
110    </RelativeLayout>
111    <View
112        android:layout_width="fill_parent"
113        android:layout_height="1dp"
114        android:background="#E4E4E4" />
115    <RelativeLayout
116        android:id="@+id/rl_signature"
117        android:layout_width="fill_parent"
118        android:layout_height="60dp"
119        android:layout_marginLeft="15dp"
120        android:layout_marginRight="15dp" >
121        <TextView
122            android:layout_width="wrap_content"
123            android:layout_height="wrap_content"
124            android:layout_centerVertical="true"
125            android:singleLine="true"
126            android:text="签    名"
127            android:textColor="#000000"
128            android:textSize="16sp" />
129        <TextView
130            android:id="@+id/tv_signature"
131            android:layout_width="wrap_content"
132            android:layout_height="wrap_content"
133            android:layout_alignParentRight="true"
134            android:layout_centerVertical="true"
135            android:layout_marginRight="5dp"
136            android:textColor="#a3a3a3"
137            android:textSize="14sp" />
138    </RelativeLayout>
139    <View
140        android:layout_width="fill_parent"
141        android:layout_height="1dp"
142        android:background="#E4E4E4" />
143 </LinearLayout>
```

【任务5-2】创建UserBean

【任务分析】

博学谷用户具有用户名、昵称、性别等信息，为了便于后续对这些属性进行操作，创建一个UserBean类来存放这些属性。

【任务实施】

选中com.boxuegu包，在该包下创建一个bean包，在bean包中创建一个Java类，命名为UserBean。在该类中创建用户所需属性，具体代码如【文件5-2】所示。

【文件5-2】 UserBean.java

```
1   package com.boxuegu.bean;
2   public class UserBean {
3       public String userName;        // 用户名
4       public String nickName;        // 昵称
5       public String sex;             // 性别
6       public String signature;       // 签名
7   }
```

【任务5-3】创建用户信息表

【任务分析】

在个人资料界面中，由于经常会对用户信息进行保存和更新，因此需要创建一个数据库来对用户信息进行操作，便于后续数据的显示和更新。用户包含用户名、昵称、性别和签名信息，因此需要在数据库中创建与之对应的表。

【任务实施】

（1）创建SQLiteHelper类

选中com.boxuegu包，在该包下创建一个sqlite包。在sqlite包中创建一个Java类，命名为SQLiteHelper并继承SQLiteOpenHelper类，同时重写onCreate()方法，该类用于创建bxg.db数据库。

（2）创建个人信息表

由于个人资料界面的数据需要单独的一个表来储存，因此在onCreate()方法中通过执行一条建表的SQL语句来创建用户信息表，具体代码如【文件5-3】所示。

【文件5-3】 SQLiteHelper.java

```
1   package com.boxuegu.sqlite;
2   import android.content.Context;
3   import android.database.sqlite.SQLiteDatabase;
4   import android.database.sqlite.SQLiteOpenHelper;
5   public class SQLiteHelper extends SQLiteOpenHelper {
```

```
6       private static final int DB_VERSION=1;
7       public static String DB_NAME="bxg.db";
8       public static final String U_USERINFO="userinfo";//个人资料
9       public SQLiteHelper(Context context) {
10          super(context, DB_NAME, null, DB_VERSION);
11      }
12      @Override
13      public void onCreate(SQLiteDatabase db) {
14          /**
15           * 创建个人信息表
16           */
17          db.execSQL("CREATE TABLE  IF NOT EXISTS " + U_USERINFO + "( "
18                  + "_id INTEGER PRIMARY KEY AUTOINCREMENT, "
19                  + "userName VARCHAR, "    //用户名
20                  + "nickName VARCHAR, "    //昵称
21                  + "sex VARCHAR, "         //性别
22                  + "signature VARCHAR"     //签名
23                  + ")");
24      }
25      /**
26       * 当数据库版本号增加时才会调用此方法
27       */
28      @Override
29      public void onUpgrade(SQLiteDatabase db, int oldVersion, int newVersion) {
30          db.execSQL("DROP TABLE IF EXISTS " + U_USERINFO);
31          onCreate(db);
32      }
33  }
```

◎第 13 ~ 24 行代码用于创建个人信息表，表中所含的信息与用户所具有的信息相对应。

【任务 5-4】DBUtils 工具类

【任务分析】

当读取用户资料或者对用户信息进行更改时需要对数据库进行操作，因此创建一个 DBUtils 工具类专门用于操作数据库。通过 DBUtils 类可以读取数据库中保存的用户信息，将用户的个人信息保存到数据库中，以及对数据库中保存的用户信息进行修改。

【任务实施】

在 com.boxuegu.utils 包中创建一个 Java 类，命名为 DBUtils。在 DBUtils 类中，分别创建 getUserInfo()、updateUserInfo() 和 saveUserInfo() 方法来获取、修改和保存个人资料信息，具体代码如【文件 5-4】所示。

【文件 5-4】DBUtils.java

```
1  package com.boxuegu.utils;
2  import android.content.ContentValues;
3  import android.content.Context;
4  import android.database.Cursor;
5  import android.database.sqlite.SQLiteDatabase;
6  import com.boxuegu.bean.UserBean;
7  import com.boxuegu.sqlite.SQLiteHelper;
8  public class DBUtils {
9      private static DBUtils instance = null;
10     private static SQLiteHelper helper;
11     private static SQLiteDatabase db;
12     public DBUtils(Context context) {
13         helper=new SQLiteHelper(context);
14         db=helper.getWritableDatabase();
15     }
16     public static DBUtils getInstance(Context context) {
17         if(instance==null) {
18             instance=new DBUtils(context);
19         }
20         return instance;
21     }
22     /**
23      * 保存个人资料信息
24      */
25     public void saveUserInfo(UserBean bean) {
26         ContentValues cv=new ContentValues();
27         cv.put("userName", bean.userName);
28         cv.put("nickName", bean.nickName);
29         cv.put("sex", bean.sex);
30         cv.put("signature", bean.signature);
31         db.insert(SQLiteHelper.U_USERINFO, null, cv);
32     }
33     /**
34      * 获取个人资料信息
35      */
36     public UserBean getUserInfo(String userName) {
37         String sql="SELECT * FROM "+SQLiteHelper.U_USERINFO+
           " WHERE userName=?";
38         Cursor cursor=db.rawQuery(sql, new String[]{userName});
39         UserBean bean=null;
40         while(cursor.moveToNext()) {
```

```
41              bean=new UserBean();
42              bean.userName=cursor.getString(cursor.getColumnIndex
                ("userName"));
43              bean.nickName=cursor.getString(cursor.getColumnIndex
                ("nickName"));
44              bean.sex=cursor.getString(cursor.getColumnIndex("sex"));
45              bean.signature=cursor.getString(cursor.getColumnIndex
                ("signature"));
46          }
47          cursor.close();
48          return bean;
49      }
50      /**
51       * 修改个人资料
52       */
53      public void updateUserInfo(String key, String value, String userName) {
54          ContentValues cv=new ContentValues();
55          cv.put(key, value);
56          db.update(SQLiteHelper.U_USERINFO, cv, "userName=?", new String[]
            {userName});
57      }
58  }
```

◎第 25 ~ 32 行代码用于将个人资料保存到数据库中，首先创建 ContentValues 对象，通过 ContentValues 对象的 put() 方法放入用户属性，最后调用 insert() 方法将用户属性保存到数据库中。

◎第 36 ~ 49 行代码用于获取个人资料，第 37 行代码是用于查询数据库的 SQL 语句，第 40 ~ 47 行代码用于将查询到的个人信息存放到 UserBean 对象中。最后返回一个包含个人资料信息的 UserBean 对象给方法调用者。

◎第 53 ~ 57 行代码用于修改个人资料，通过调用 ContentValues 对象的 update() 方法修改数据库中的个人资料。

【任务 5-5】个人资料界面逻辑代码

【任务分析】

个人资料界面主要用于展示用户的相关信息，当进入个人资料界面时，首先查询数据库中的用户信息，并将信息展示到界面上。个人资料界面中的昵称、性别和签名是可以修改的，因此需要添加相应的监听事件，当点击“昵称”时跳转到昵称修改界面，当点击“性别”时弹出性别选择对话框，当点击“签名”时跳转到签名修改界面。

【任务实施】

（1）获取界面控件

在 UserInfoActivity 中创建界面控件的初始化方法 init()，获取个人资料界面所要用到的控件。

（2）设置点击事件

由于界面上除了用户名和头像之外其余属性值都可以修改，因此需要为其余属性所在的条目设置点击事件。在 UserInfoActivity 类中实现 OnClickListener 接口，然后创建 setListener() 方法，在该方法中设置昵称、性别、签名的点击监听事件并实现 OnClickListener 接口中的 onClick() 方法。

（3）为界面控件设置值

创建一个 initData() 方法用于从数据库中获取数据，如果数据库中的数据为空，则为此账号设置默认的属性值并保存到数据库中，具体代码如【文件 5-5】所示。

【文件 5-5】UserInfoActivity.java

```
1  package com.boxuegu.activity;
2  import android.app.AlertDialog;
3  import android.content.DialogInterface;
4  import android.content.Intent;
5  import android.content.pm.ActivityInfo;
6  import android.graphics.Color;
7  import android.support.v7.app.AppCompatActivity;
8  import android.os.Bundle;
9  import android.text.TextUtils;
10 import android.view.View;
11 import android.widget.RelativeLayout;
12 import android.widget.TextView;
13 import android.widget.Toast;
14 import com.boxuegu.R;
15 import com.boxuegu.bean.UserBean;
16 import com.boxuegu.utils.AnalysisUtils;
17 import com.boxuegu.utils.DBUtils;
18 public class UserInfoActivity extends AppCompatActivity implements
   View.OnClickListener {
19     private TextView tv_back;
20     private TextView tv_main_title;
21     private TextView tv_nickName, tv_signature, tv_user_name, tv_sex;
22     private RelativeLayout rl_nickName, rl_sex, rl_signature,rl_title_bar;
23     private String spUserName;
24     @Override
25     protected void onCreate(Bundle savedInstanceState) {
```

```
26          super.onCreate(savedInstanceState);
27          setContentView(R.layout.activity_user_info);
28          //设置此界面为竖屏
29          setRequestedOrientation(ActivityInfo.SCREEN_ORIENTATION_PORTRAIT);
30          //从 SharedPreferences 中获取登录时的用户名
31          spUserName=AnalysisUtils.readLoginUserName(this);
32          init();
33          initData();
34          setListener();
35      }
36      /**
37       * 初始化控件
38       */
39      private void init() {
40          tv_back=(TextView) findViewById(R.id.tv_back);
41          tv_main_title=(TextView) findViewById(R.id.tv_main_title);
42          tv_main_title.setText("个人资料");
43          rl_title_bar=(RelativeLayout) findViewById(R.id.title_bar);
44          rl_title_bar.setBackgroundColor(Color.parseColor
            ("#30B4FF"));
45          rl_nickName=(RelativeLayout) findViewById(R.id.rl_nickName);
46          rl_sex=(RelativeLayout) findViewById(R.id.rl_sex);
47          rl_signature=(RelativeLayout) findViewById(R.id.rl_signature);
48          tv_nickName=(TextView) findViewById(R.id.tv_nickName);
49          tv_user_name=(TextView) findViewById(R.id.tv_user_name);
50          tv_sex=(TextView) findViewById(R.id.tv_sex);
51          tv_signature=(TextView) findViewById(R.id.tv_signature);
52      }
53      /**
54       * 获取数据
55       */
56      private void initData() {
57          UserBean bean=null;
58          bean = DBUtils.getInstance(this).getUserInfo(spUserName);
59          // 首先判断一下数据库是否有数据
60          if(bean==null) {
61              bean=new UserBean();
62              bean.userName=spUserName;
63              bean.nickName="问答精灵";
64              bean.sex="男";
65              bean.signature="问答精灵";
66              //保存用户信息到数据库
67              DBUtils.getInstance(this).saveUserInfo(bean);
```

```
68            }
69            setValue(bean);
70        }
71        /**
72         * 为界面控件设置值
73         */
74        private void setValue(UserBean bean) {
75            tv_nickName.setText(bean.nickName);
76            tv_user_name.setText(bean.userName);
77            tv_sex.setText(bean.sex);
78            tv_signature.setText(bean.signature);
79        }
80        /**
81         * 设置控件的点击监听事件
82         */
83        private void setListener() {
84            tv_back.setOnClickListener(this);
85            rl_nickName.setOnClickListener(this);
86            rl_sex.setOnClickListener(this);
87            rl_signature.setOnClickListener(this);
88        }
89        /**
90         * 控件的点击事件
91         */
92        @Override
93        public void onClick(View v) {
94            switch(v.getId()) {
95                case R.id.tv_back:                   //返回键的点击事件
96                    this.finish();
97                    break;
98                case R.id.rl_nickName:               //昵称的点击事件
99                    break;
100               case R.id.rl_sex:                    //性别的点击事件
101                   String sex=tv_sex.getText().toString();
102                   sexDialog(sex);
103                   break;
104               case R.id.rl_signature:              //签名的点击事件
105                   break;
106               default:
107                   break;
108           }
109       }
110       /**
```

```
111      * 设置性别的弹出框
112      */
113     private void sexDialog(String sex){
114         int sexFlag=0;
115         if("男".equals(sex)){
116             sexFlag=0;
117         }else if("女".equals(sex)){
118             sexFlag=1;
119         }
120         final String items[]={"男","女"};
121         AlertDialog.Builder builder=new AlertDialog.Builder(this);
122         builder.setTitle("性别"); //设置标题
123         builder.setSingleChoiceItems(items,sexFlag,
            new DialogInterface.OnClickListener() {
124         @Override
125             public void onClick(DialogInterface dialog, int which) {
126                 dialog.dismiss();
127                 Toast.makeText(UserInfoActivity.this,items[which],
                    Toast.LENGTH_SHORT).show();
128                 setSex(items[which]);
129             }
130         });
131         builder.create().show();
132     }
133     /**
134      * 更新界面上的性别数据
135      */
136     private void setSex(String sex){
137        tv_sex.setText(sex);
138         // 更新数据库中的性别字段
139         DBUtils.getInstance(UserInfoActivity.this).updateUserInfo("sex",
140         sex, spUserName);
141     }
142 }
```

◎第 56 ~ 70 行代码用于获取用户数据，首先获取到 UserBean 对象，之后判断 UserBean 对象是否为空，若为空则为用户设置默认属性，最后将用户信息保存到数据库中。

◎第 93 ~ 109 行代码设置控件的点击事件，当点击“昵称”条目时跳转到设置昵称界面（设置昵称界面暂未创建），点击“性别”条目时会弹出性别选择对话框，当点击“签名”栏时会跳转到设置签名界面（设置签名界面暂未创建）。

（4）修改“我”的界面代码

由于个人资料界面是通过“我”的界面跳转的，因此需要在“我的模块”中找到【任务 4-5】MyInfoView.java 文件中的 initView() 方法，在注释“// 已登录跳转到个人资料界面”下方添加如下代码，并导入对应的包。

```
Intent intent=new Intent(mContext,UserInfoActivity.class);
mContext.startActivity(intent);
```

5.2 个人资料修改

个人资料修改界面主要用于修改用户昵称和签名，由于修改昵称界面和修改签名界面基本相同，因此可以使用同一个布局文件。根据个人资料界面传递过来的参数 flag 来判断修改的是哪个属性。

【知识点】

◎ EditText 监听器的使用。

【技能点】

◎掌握个人资料修改界面的设计和逻辑构思；

◎掌握如何修改昵称和签名属性的值；

◎通过监听器（addTextChangedListener）监听 EditText 控件输入的文字变化；

◎实现博学谷的个人资料修改功能。

【任务 5-6】个人资料修改界面

【任务分析】

个人资料修改界面主要是为了修改用户的昵称和签名，界面主要包含一个文本输入框，用于输入个人信息；一个快速清空文本内容的图标，用于清空文本输入框中的内容。界面效果如图 5-2 所示。

图 5-2 个人资料修改界面

【任务实施】

（1）创建个人资料修改界面

在 com.boxuegu.activity 包中创建一个 Activity 类，名为 ChangeUserInfoActivity，并将布局文件名指定为 activity_change_user_info。在该布局文件中，通过 <include> 标签将 main_title_bar.xml（标题栏）引入。

（2）导入界面图片

将个人资料修改界面所需图片 info_delete.png 导入到 drawable 文件夹中。

（3）放置界面控件

在布局文件中，放置 1 个 EditText 控件用于输入文字，1 个 ImageView 控件用于显示删除图标，具体代码如【文件 5-6】所示。

【文件 5-6】 activity_change_user_info.xml

```
1  <?xml version="1.0" encoding="utf-8"?>
2  <LinearLayout xmlns:android="http://schemas.android.com/apk/res/android"
3      android:layout_width="match_parent"
4      android:layout_height="match_parent"
5      android:background="#eeeeee"
6      android:orientation="vertical" >
7      <include layout="@layout/main_title_bar" />
8      <LinearLayout
9          android:layout_width="fill_parent"
10         android:layout_height="wrap_content"
11         android:gravity="center_vertical"
12         android:orientation="horizontal" >
13         <EditText
14             android:id="@+id/et_content"
15             android:layout_width="match_parent"
16             android:layout_height="50dp"
17             android:layout_gravity="center_horizontal"
18             android:background="@android:color/white"
19             android:gravity="center_vertical"
20             android:paddingLeft="10dp"
21             android:singleLine="true"
22             android:textColor="#737373"
23             android:textSize="14sp" />
24         <ImageView
25             android:id="@+id/iv_delete"
26             android:layout_width="27dp"
27             android:layout_height="27dp"
28             android:layout_marginLeft="-40dp"
29             android:src="@drawable/info_delete" />
30     </LinearLayout>
31 </LinearLayout>
```

（4）修改标题栏（main_title_bar.xml）

由图 5-2 所示个人资料修改界面可知，标题栏右上角需要放置一个显示“保存”的文本框，因此需要修改标题栏，在 main_title_bar.xml 文件中添加 1 个 TextView 控件来显示“保存”按钮。TextView 控件放置在 main_title_bar.xml 文件中 tv_main_title 按钮的下方，具体代码如下：

```
<TextView
    android:id="@+id/tv_save"
    android:layout_width="wrap_content"
    android:layout_height="30dp"
    android:layout_alignParentRight="true"
    android:layout_marginTop="10dp"
    android:layout_marginRight="20dp"
    android:layout_centerVertical="true"
    android:gravity="center"
    android:textSize="16sp"
    android:textColor="@android:color/white"
    android:text=" 保存 "
    android:visibility="gone" />
```

在上述代码中通过 android:visibility="gone" 属性，将 TextView 控件设置为隐藏状态，当需要使用该控件时在代码中将其状态改为显示即可。

【任务 5–7】个人资料修改界面逻辑代码

【任务分析】

根据【任务 5-6】可知，ChangeUserInfoActivity 类用于编写修改昵称和签名的逻辑代码。通过个人资料界面传递过来的标识码判断需要加载修改昵称界面还是修改签名界面。当用户点击“保存”按钮时，将用户输入的个人资料信息进行保存。当用户输入昵称或签名时，需要对输入的文字长度进行限制，因此需要对 EditText 控件添加监听事件。

【任务实施】

（1）获取界面控件

在 ChangeUserInfoActivity 中创建界面控件的初始化方法 init()，用于获取个人资料修改界面所要用到的控件，同时在此方法中还需要设置保存按钮、返回按钮及删除图标的点击事件。

（2）监听要修改的文字

由于昵称和签名的长度是有限的，因此需要创建 contentListener() 方法来监听输入的文字个数使昵称不超过 8 个文字，签名不超过 16 个文字，具体代码如【文件 5-7】所示。

【文件 5-7】ChangeUserInfoActivity.java

```
1  package com.boxuegu.activity;
2  import android.content.Intent;
3  import android.content.pm.ActivityInfo;
4  import android.graphics.Color;
5  import android.os.Bundle;
```

```
6  import android.support.v7.app.AppCompatActivity;
7  import android.text.Editable;
8  import android.text.Selection;
9  import android.text.TextUtils;
10 import android.text.TextWatcher;
11 import android.view.View;
12 import android.widget.EditText;
13 import android.widget.ImageView;
14 import android.widget.RelativeLayout;
15 import android.widget.TextView;
16 import android.widget.Toast;
17 import com.boxuegu.R;
18 public class ChangeUserInfoActivity extends AppCompatActivity {
19     private TextView tv_main_title, tv_save;
20     private RelativeLayout rl_title_bar;
21     private TextView tv_back;
22     private String title, content;
23     private int flag;       //flag 为 1 时表示修改昵称，为 2 时表示修改签名
24     private EditText et_content;
25     private ImageView iv_delete;
26     @Override
27     protected void onCreate(Bundle savedInstanceState) {
28         super.onCreate(savedInstanceState);
29         setContentView(R.layout.activity_change_user_info);
30         //设置此界面为竖屏
31         setRequestedOrientation(ActivityInfo.SCREEN_ORIENTATION_PORTRAIT);
32         init();
33     }
34     private void init() {
35         //从个人资料界面传递过来的标题和内容
36         title=getIntent().getStringExtra("title");
37         content=getIntent().getStringExtra("content");
38         flag=getIntent().getIntExtra("flag", 0);
39         tv_main_title=(TextView) findViewById(R.id.tv_main_title);
40         tv_main_title.setText(title);
41         rl_title_bar=(RelativeLayout) findViewById(R.id.title_bar);
42         rl_title_bar.setBackgroundColor(Color.parseColor("#30B4FF"));
43         tv_back=(TextView) findViewById(R.id.tv_back);
44         tv_save=(TextView) findViewById(R.id.tv_save);
45         tv_save.setVisibility(View.VISIBLE);
46         et_content=(EditText) findViewById(R.id.et_content);
47         iv_delete=(ImageView) findViewById(R.id.iv_delete);
48         if (!TextUtils.isEmpty(content)) {
```

```
49              et_content.setText(content);
50              et_content.setSelection(content.length());
51          }
52          contentListener();
53          tv_back.setOnClickListener(new View.OnClickListener() {
54              @Override
55              public void onClick(View v) {
56                  ChangeUserInfoActivity.this.finish();
57              }
58          });
59          iv_delete.setOnClickListener(new View.OnClickListener() {
60              @Override
61              public void onClick(View v) {
62                  et_content.setText("");
63              }
64          });
65          tv_save.setOnClickListener(new View.OnClickListener() {
66              @Override
67              public void onClick(View v) {
68                  Intent data = new Intent();
69                  String etContent = et_content.getText().toString().
                    trim();
70                  switch(flag) {
71                      case 1:
72                          if(!TextUtils.isEmpty(etContent)) {
73                              data.putExtra("nickName", etContent);
74                              setResult(RESULT_OK, data);
75                              Toast.makeText(ChangeUserInfoActivity.
                                this,"保存成功",Toast.LENGTH_SHORT).show();
76                              ChangeUserInfoActivity.this.finish();
77                          } else {
78                              Toast.makeText(ChangeUserInfoActivity.this,
                                "昵称不能为空",Toast.LENGTH_SHORT).show();
79                          }
80                          break;
81                      case 2:
82                          if(!TextUtils.isEmpty(etContent)) {
83                              data.putExtra("signature", etContent);
84                              setResult(RESULT_OK, data);
85                              Toast.makeText(ChangeUserInfoActivity.
                                this, "保存成功",Toast.LENGTH_SHORT).show();
86                              ChangeUserInfoActivity.this.finish();
87                          } else {
```

```
88                          Toast.makeText(ChangeUserInfoActivity.this,
                        "签名不能为空", Toast.LENGTH_SHORT).show();
89                      }
90                      break;
91              }
92          }
93      });
94  }
95  /**
96   * 监听个人资料修改界面输入的文字
97   */
98  private void contentListener() {
99      et_content.addTextChangedListener(new TextWatcher() {
100         @Override
101         public void onTextChanged(CharSequence s, int start, int
            before, int count) {
102             Editable editable=et_content.getText();
103             int len=editable.length();// 输入的文本的长度
104             if(len > 0) {
105                 iv_delete.setVisibility(View.VISIBLE);
106             } else {
107                 iv_delete.setVisibility(View.GONE);
108             }
109             switch(flag) {
110                 case 1:   // 昵称
111                     // 昵称限制最多 8 个文字，超过 8 个需要截取掉多余的文字
112                     if(len>8) {
113                         int selEndIndex=Selection.getSelectionEnd
                            (editable);
114                         String str=editable.toString();
115                         // 截取新字符串
116                         String newStr=str.substring(0, 8);
117                         et_content.setText(newStr);
118                         editable=et_content.getText();
119                         // 新字符串的长度
120                         int newLen = editable.length();
121                         // 旧光标位置超过新字符串的长度
122                         if(selEndIndex>newLen) {
123                             selEndIndex=editable.length();
124                         }
125                         // 设置新光标所在的位置
126                         Selection.setSelection(editable, selEndIndex);
127                     }
128                     break;
```

```
129                     case 2:    //签名
130                         //签名最多是16个文字，超过16个需要截取掉多余的文字
131                         if(len>16) {
132                             int selEndIndex=Selection.
                                getSelectionEnd(editable);
133                             String str=editable.toString();
134                             //截取新字符串
135                             String newStr=str.substring(0, 16);
136                             et_content.setText(newStr);
137                             editable=et_content.getText();
138                             //新字符串的长度
139                             int newLen=editable.length();
140                             //旧光标位置超过新字符串的长度
141                             if(selEndIndex>newLen) {
142                                 selEndIndex=editable.length();
143                             }
144                             //设置新光标所在的位置
145                             Selection.setSelection(editable,
                                selEndIndex);
146                         }
147                         break;
148                     default:
149                         break;
150                 }
151             }
152             @Override
153             public void beforeTextChanged(CharSequence s, int start,
                int count,int after) {
154             }
155             @Override
156             public void afterTextChanged(Editable arg0) {
157             }
158         });
159     }
160 }
```

◎第65～93行代码为保存按钮添加监听事件，首先通过标识码flag判断是哪个界面，若是修改昵称界面，则保存新昵称，若是修改签名界面，则保存新签名。

◎第98～159行代码用于监听EditText控件的输入文字，在onTextChanged()方法中监听EditText的输入状态，若此时在修改昵称界面，则限制昵称不能超过8个字；若此时在修改签名界面，则限制输入的字数不能超过16个字。

（3）修改个人资料界面

由于个人资料修改界面是通过个人资料界面跳转的，同时个人信息数据的更新也是在个人资料界面操作的，因此需要修改【任务 5-5】中的 UserInfoActivity.java 文件。在 UserInfoActivity.java 文件中的 private String spUserName; 语句下方添加如下代码：

```
private static final int CHANGE_NICKNAME=1;    //修改昵称的自定义常量
private static final int CHANGE_SIGNATURE=2;  //修改签名的自定义常量
```

由于修改昵称和签名都需要用到回传数据，因此在 UserInfoActivity.java 文件中创建一个 enterActivityForResult() 方法来进行界面跳转，具体代码如下：

```
/**
 * 获取回传数据时需使用的跳转方法，第一个参数 to 表示需要跳转到的界面，
 * 第 2 个参数 requestCode 表示一个请求码，第 3 个参数 b 表示跳转时传递的数据
 */
public void enterActivityForResult(Class<?> to, int requestCode, Bundle b) {
      Intent i=new Intent(this, to);
      i.putExtras(b);
      startActivityForResult(i, requestCode);
}
```

找到 UserInfoActivity.java 文件中的 onClick() 方法，在注释“// 昵称的点击事件”下方添加如下代码：

```
String name=tv_nickName.getText().toString();     //获取昵称控件上的数据
Bundle bdName=new Bundle();
bdName.putString("content", name);                //传递界面上的昵称数据
bdName.putString("title", "昵称");
bdName.putInt("flag", 1);                         //flag传递1时表示是修改昵称
enterActivityForResult(ChangeUserInfoActivity.class,CHANGE_NICKNAME,
bdName);                                          //跳转到个人资料修改界面
```

在注释“// 签名的点击事件”下方添加如下代码：

```
String signature=tv_signature.getText().toString();  //获取签名控件上的数据
Bundle bdSignature=new Bundle();
bdSignature.putString("content", signature);         //传递界面上的签名数据
bdSignature.putString("title", "签名");
bdSignature.putInt("flag", 2);                 //flag传递2时表示是修改签名
enterActivityForResult(ChangeUserInfoActivity.class,
CHANGE_SIGNATURE, bdSignature);                //跳转到个人资料修改界面
```

在 UserInfoActivity 类中重写 onActivityResult() 方法，用于接收回传过来的数据。当接收到新数据后将用户输入的新的个人信息保存到数据库中。具体代码如下：

```
/**
 * 回传数据
 */
private String new_info; //最新数据
@Override
protected void onActivityResult(int requestCode, int resultCode, Intent data)
{
     super.onActivityResult(requestCode, resultCode, data);
     switch(requestCode) {
         case CHANGE_NICKNAME:  //个人资料修改界面回传过来的昵称数据
             if(data!=null) {
                 new_info=data.getStringExtra("nickName");
                 if(TextUtils.isEmpty(new_info)) {
                      return;
                 }
                 tv_nickName.setText(new_info);
                 //更新数据库中的昵称字段
                 DBUtils.getInstance(UserInfoActivity.this).updateUserInfo(
                 "nickName", new_info, spUserName);
             }
             break;
         case CHANGE_SIGNATURE: //个人资料修改界面回传过来的签名数据
             if(data!=null) {
                 new_info=data.getStringExtra("signature");
                 if(TextUtils.isEmpty(new_info)) {
                      return;
                 }
                 tv_signature.setText(new_info);
                 //更新数据库中的签名字段
                 DBUtils.getInstance(UserInfoActivity.this).updateUserInfo(
                 "signature", new_info, spUserName);
             }
             break;
     }
}
```

小　结

本章主要讲解了如何创建 SQLite 数据库，使用数据库存储个人资料，以及个人资料的修改。本章涉及数据库的使用，稍有难度，读者最好温习一下数据库的知识，然后再进行个人资料模块的开发。

【思考题】

1. 如何创建数据库，数据表？
2. 如何修改用户昵称和性别？

第6章 习题模块

学习目标

◎掌握习题列表界面的开发，实现习题列表的展示；

◎掌握习题详情界面的开发，以及答案的判断。

习题模块主要以习题的形式来检测学生对教材中知识点的掌握情况。当点击习题列表时会跳转到习题详情界面，在该界面中点击选项时会立即显示正确答案。本章将针对习题模块进行详细讲解。

6.1 习题

综述

习题界面主要是给用户展示《Android移动开发基础案例教程》第1～10章的选择题，当点击习题列表中的条目时，会跳转到对应章节的习题详情页面，由于博学谷项目用的是本地数据，因此需要把每章的习题标题和习题数目封装到一个ExercisesBean对象中，并保存到List集合中。由于习题界面有用到ListView控件，因此还需要创建一个数据适配器ExercisesAdapter对ListView进行数据填充。

【知识点】

◎ ListView控件；

◎ Adapter的创建与使用。

【技能点】

◎掌握习题界面的设计和逻辑构思；

◎通过 ListView 控件实现数据的列表展示；

◎通过 Adapter 实现对 ListView 控件的数据填充。

【任务 6-1】习题界面

【任务分析】

习题界面主要是使用 ListView 控件展示《Android 移动开发基础案例教程》1 ~ 10 章的章节序号、章节名称及习题个数，界面效果如图 6-1 所示。

图 6-1 习题界面

【任务实施】

（1）创建习题界面

在 res/layout 文件夹中，创建一个布局文件 main_view_exercises.xml。

（2）导入界面图片

将习题界面所需图片 exercises_bg_1.png、exercises_bg_2.png、exercises_bg_3.png、exercises_bg_4.png 导入 drawable 文件夹中。

（3）放置界面控件

在布局文件中，放置 1 个 ListView 控件用来显示章节习题列表，具体代码如【文件 6-1】所示。

【文件 6-1】main_view_exercises.xml

```
1  <?xml version="1.0" encoding="utf-8"?>
2  <LinearLayout xmlns:android="http://schemas.android.com/apk/res/android"
3      android:layout_width="match_parent"
4      android:layout_height="match_parent"
5      android:orientation="vertical"
6      android:background="@android:color/white" >
7    <ListView
8      android:id="@+id/lv_list"
9      android:layout_width="fill_parent"
10     android:layout_height="fill_parent"
11     android:layout_marginBottom="55dp"
12     android:divider="#E4E4E4"
13     android:dividerHeight="1dp" />
14 </LinearLayout>
```

【任务 6-2】习题界面 Item

【任务分析】

由于习题界面用到了 ListView 控件，因此需要为该控件创建一个 Item 界面，在 Item 界面中需要展示章节序号、章节名称以及该章节所包含的题目数量，界面效果如图 6-2 所示。

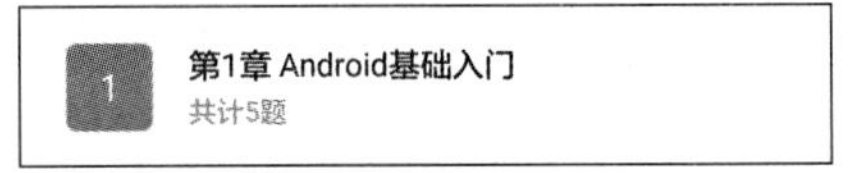

图 6-2　习题界面 Item

【任务实施】

（1）创建习题界面 Item

在 res/layout 文件夹中，创建一个布局文件 exercises_list_item.xml。

（2）放置界面控件

在布局文件中，放置 3 个 TextView 控件，分别用于显示带有底色的习题序号、章节标题、习题数量，具体代码如【文件 6-2】所示。

【文件 6-2】exercises_list_item.xml

```
1  <?xml version="1.0" encoding="utf-8"?>
2  <LinearLayout xmlns:android="http://schemas.android.com/apk/res/android"
3      android:layout_width="fill_parent"
4      android:layout_height="wrap_content"
5      android:background="@android:color/white"
6      android:orientation="horizontal"
7      android:paddingBottom="15dp"
8      android:paddingLeft="10dp"
9      android:paddingRight="10dp"
10     android:paddingTop="15dp" >
11     <TextView
12         android:id="@+id/tv_order"
13         android:layout_width="40dp"
14         android:layout_height="40dp"
15         android:layout_gravity="center_vertical"
16         android:layout_marginLeft="10dp"
17         android:background="@drawable/exercises_bg_1"
18         android:gravity="center"
19         android:textColor="@android:color/white"
20         android:textSize="16sp" />
21     <LinearLayout
22         android:layout_width="fill_parent"
23         android:layout_height="fill_parent"
24         android:layout_marginLeft="15dp"
25         android:gravity="center_vertical"
26         android:orientation="vertical" >
```

```
27          <TextView
28              android:id="@+id/tv_title"
29              android:layout_width="wrap_content"
30              android:layout_height="wrap_content"
31              android:singleLine="true"
32              android:text=" 第 1 章 Android 基础入门 "
33              android:textColor="#000000"
34              android:textSize="14sp" />
35          <TextView
36              android:id="@+id/tv_content"
37              android:layout_width="wrap_content"
38              android:layout_height="wrap_content"
39              android:layout_marginTop="2dp"
40              android:singleLine="true"
41              android:text=" 共计 5 题 "
42              android:textColor="#a3a3a3"
43              android:textSize="12sp" />
44      </LinearLayout>
45  </LinearLayout>
```

【任务 6-3】创建 ExercisesBean

【任务分析】

创建 ExercisesBean 类用来存放章节及习题所包含的相关属性，每个章节所包含的属性有章节 Id、章节标题、习题数量、章节序号背景、习题 Id、习题题干、习题的 A 选项、B 选项、C 选项、D 选项、正确答案以及被用户选中的选项等。

【任务实施】

在 com.boxuegu.bean 包中创建一个 ExercisesBean 类。在该类中创建习题所有的属性，具体代码如【文件 6-3】所示。

【文件 6-3】ExercisesBean.java

```
1  package com.boxuegu.bean;
2  public class ExercisesBean {
3    public int id;              // 每章习题 Id
4    public String title;        // 每章习题标题
5    public String content;      // 每章习题的数目
6    public int background;      // 每章习题前边的序号背景
7    public int subjectId;       // 每道习题的 Id
8    public String subject;      // 每道习题的题干
9    public String a;            // 每道题的 A 选项
10   public String b;            // 每道题的 B 选项
```

```
11   public String c;          // 每道题的 C 选项
12   public String d;          // 每道题的 D 选项
13   public int answer;        // 每道题的正确答案
14     /**
15      * select 为 0 表示所选项是对的，1 表示选中的 A 选项是错的，2 表示选中的 B 选项是错的，
16      * 3 表示选中的 C 选项是错的，4 表示选中的 D 选项是错的
17      */
18     public int select;
19 }
```

【任务 6-4】习题界面 Adapter

【任务分析】

由于习题界面用到了 ListView 控件，因此需要创建一个数据适配器对 ListView 进行数据适配。

【任务实施】

选中 com.boxuegu 包，在该包下创建 adapter 包，在 adapter 包中创建一个 ExercisesAdapter 类继承 BaseAdapter 类，并重写 getCount()、getItem()、getItemId()、getView() 方法，分别用于获取 Item 总数、对应 Item 对象、Item 对象的 Id、对应的 Item 视图。在 getView() 方法中需要设置 Item 布局、数据以及界面跳转方法，为了减少缓存需要复用 convertView 对象，具体代码如【文件 6-4】所示。

【文件 6-4】ExercisesAdapter.java

```
1   package com.boxuegu.adapter;
2   import android.content.Context;
3   import android.view.LayoutInflater;
4   import android.view.View;
5   import android.view.ViewGroup;
6   import android.widget.BaseAdapter;
7   import android.widget.TextView;
8   import java.util.List;
9   import com.boxuegu.bean.ExercisesBean;
10  import com.boxuegu.R;
11  public class ExercisesAdapter extends BaseAdapter {
12    private Context mContext;
13    private List<ExercisesBean> ebl;
14    public ExercisesAdapter(Context context) {
15            this.mContext=context;
16    }
17    /**
```

```
18      * 设置数据更新界面
19      */
20     public void setData(List<ExercisesBean> ebl) {
21             this.ebl=ebl;
22             notifyDataSetChanged();
23     }
24     /**
25      * 获取Item的总数
26      */
27     @Override
28     public int getCount() {
29             return ebl==null ? 0 : ebl.size();
30     }
31     /**
32      * 根据position得到对应Item的对象
33      */
34     @Override
35     public ExercisesBean getItem(int position) {
36             return ebl==null ? null : ebl.get(position);
37     }
38     /**
39      * 根据position得到对应Item的id
40      */
41     @Override
42     public long getItemId(int position) {
43             return position;
44     }
45     /**
46      * 得到相应position对应的Item视图, position是当前Item的位置,
47      * convertView参数就是滑出屏幕的Item的View
48      */
49     @Override
50     public View getView(int position, View convertView, ViewGroup parent) {
51             final ViewHolder vh;
52             //复用convertView
53             if(convertView==null) {
54                     vh=new ViewHolder();
55                     convertView=LayoutInflater.from(mContext).inflate(
                       R.layout.exercises_list_item, null);
56                     vh.title=(TextView) convertView.findViewById(R.id.tv_title);
57                     vh.content=(TextView) convertView.findViewById
                       (R.id.tv_content);
```

```
58                vh.order=(TextView) convertView.findViewById(R.
                  id.tv_order);
59                convertView.setTag(vh);
60          } else {
61                vh=(ViewHolder) convertView.getTag();
62          }
63          //获取position对应的Item的数据对象
64          final ExercisesBean bean=getItem(position);
65          if(bean!=null) {
66                vh.order.setText(position + 1 + "");
67                vh.title.setText(bean.title);
68                vh.content.setText(bean.content);
69                vh.order.setBackgroundResource(bean.background);
70          }
71          //每个Item的点击事件
72          convertView.setOnClickListener(new View.OnClickListener() {
73                @Override
74                public void onClick(View v) {
75                      if(bean==null)
76                            return;
77                      //跳转到习题详情页面
78                }
79          });
80          return convertView;
81    }
82    class ViewHolder {
83          public TextView title, content;
84          public TextView order;
85    }
86 }
```

◎第72～79行代码为每个Item添加监听事件，当点击Item条目时跳转到相应的习题详情界面（习题详情界面暂未创建）。

【任务6-5】习题界面逻辑代码

【任务分析】

习题界面主要用于展示《Android移动开发基础案例教程》1～10章的习题。我们可以将数据信息封装到ExercisesBean对象中，在习题界面进行展示。

【任务实施】

（1）获取界面控件

在com.boxuegu.view包中创建一个ExercisesView类。在该类中创建界面控件的初始化方法initView()，用于获取习题界面所要用到的控件并完成数据的初始化操作。

(2) 创建本地数据

在 ExercisesView 类中，创建 initData() 方法将 1 ~ 10 章的习题标题和习题数量存放在一个 List 集合中，具体代码如【文件 6-5】所示。

【文件 6-5】ExercisesView.java

```
1  package com.boxuegu.view;
2  import java.util.ArrayList;
3  import java.util.List;
4  import android.app.Activity;
5  import android.view.LayoutInflater;
6  import android.view.View;
7  import android.widget.ListView;
8  import com.boxuegu.adapter.ExercisesAdapter;
9  import com.boxuegu.bean.ExercisesBean;
10 import com.boxuegu.R;
11 public class ExercisesView {
12     private ListView lv_list;
13     private ExercisesAdapter adapter;
14     private List<ExercisesBean> ebl;
15     private Activity mContext;
16     private LayoutInflater mInflater;
17     private View mCurrentView;
18     public ExercisesView(Activity context) {
19         mContext=context;
20         // 为之后将 Layout 转化为 view 时用
21         mInflater=LayoutInflater.from(mContext);
22     }
23     private void createView() {
24         initView();
25     }
26     /**
27      * 初始化控件
28      */
29     private void initView() {
30         mCurrentView=mInflater
           .inflate(R.layout.main_view_exercises, null);
31         lv_list=(ListView) mCurrentView.findViewById(R.id.lv_list);
32         adapter=new ExercisesAdapter(mContext);
33         initData();
34         adapter.setData(ebl);
35         lv_list.setAdapter(adapter);
36     }
37     /**
```

```
38          * 设置数据
39          */
40      private void initData() {
41          ebl=new ArrayList<ExercisesBean>();
42          for(int i=0; i<10; i++) {
43              ExercisesBean bean=new ExercisesBean();
44              bean.id=(i+1);
45              switch(i) {
46                  case 0:
47                      bean.title="第 1 章 Android基础入门";
48                      bean.content="共计 5 题";
49                      bean.background=(R.drawable.exercises_bg_1);
50                      break;
51                  case 1:
52                      bean.title="第 2 章 Android UI 开发";
53                      bean.content="共计 5 题";
54                      bean.background=(R.drawable.exercises_bg_2);
55                      break;
56                  case 2:
57                      bean.title="第 3 章 Activity";
58                      bean.content="共计 5 题";
59                      bean.background=(R.drawable.exercises_bg_3);
60                      break;
61                  case 3:
62                      bean.title="第 4 章 数据存储";
63                      bean.content="共计 5 题";
64                      bean.background=(R.drawable.exercises_bg_4);
65                      break;
66                  case 4:
67                      bean.title="第 5 章 SQLite 数据库";
68                      bean.content="共计 5 题";
69                      bean.background=(R.drawable.exercises_bg_1);
70                      break;
71                  case 5:
72                      bean.title="第 6 章 广播接收者";
73                      bean.content="共计 5 题";
74                      bean.background=(R.drawable.exercises_bg_2);
75                      break;
76                  case 6:
77                      bean.title="第 7 章 服务";
78                      bean.content="共计 5 题";
79                      bean.background=(R.drawable.exercises_bg_3);
80                      break;
```

```
81                  case 7:
82                      bean.title="第8章 内容提供者";
83                      bean.content="共计5题";
84                      bean.background=(R.drawable.exercises_bg_4);
85                      break;
86                  case 8:
87                      bean.title="第9章 网络编程";
88                      bean.content="共计5题";
89                      bean.background=(R.drawable.exercises_bg_1);
90                      break;
91                  case 9:
92                      bean.title="第10章 高级编程";
93                      bean.content="共计5题";
94                      bean.background=(R.drawable.exercises_bg_2);
95                      break;
96                  default:
97                      break;
98              }
99              ebl.add(bean);
100         }
101     }
102     /**
103      * 获取当前在导航栏上方显示对应的View
104      */
105     public View getView() {
106         if(mCurrentView==null) {
107             createView();
108         }
109         return mCurrentView;
110     }
111     /**
112      * 显示当前导航栏上方所对应的view界面
113      */
114     public void showView() {
115         if(mCurrentView==null) {
116             createView();
117         }
118         mCurrentView.setVisibility(View.VISIBLE);
119     }
120 }
```

◎第40～101行代码用于设置习题界面数据，首先创建ExercisesBean对象，之后将每一章的章节Id、章节标题、习题数量和序号背景存入ExercisesBean对象中。

（3）修改底部导航栏

由于习题界面是通过底部导航栏界面跳转的，因此需要在“我的模块”中找到【任务 4-2】MainActivity.java 文件中的 private RelativeLayout rl_title_bar; 语句，在该语句下方添加如下代码：

```
private ExercisesView mExercisesView;
```

找到该文件的 createView() 方法，在注释“// 习题界面”下方添加如下代码：

```
if(mExercisesView==null) {
    mExercisesView=new ExercisesView(this);
    mBodyLayout.addView(mExercisesView.getView());
} else {
    mExercisesView.getView();
}
mExercisesView.showView();
```

6.2 习题详情

综述

习题详情界面主要用于展示每章的所有选择题，每道题由题干、A 选项、B 选项、C 选项、D 选项组成，当用户选择某个选项后程序会自行判断对错，显示正确答案（用户选择答案后不能重新进行选择）。由于博学谷用的是本地数据并且所有章节的习题数量较大，因此需要把每章节的数据以 XML 文件的形式存放在 assets 文件夹中，当需要获取习题数据时解析对应的 XML 文件即可。

【知识点】

◎ ListView 控件；

◎ Adapter 的创建与使用；

◎ XML 文件的解析。

【技能点】

◎掌握习题详情界面的设计和逻辑构思；

◎通过 ListView 控件实现数据的列表展示；

◎通过 Adapter 实现对 ListView 控件的数据填充；

◎通过解析 XML 文件获取每章的习题；

◎实现博学谷习题的练习功能。

【任务 6-6】习题详情界面

【任务分析】

习题详情界面主要是显示习题的题干以及 A 选项、B 选项、C 选项、D 选项，用户点击选项后即可知道习题的答案，界面效果如图 6-3 所示。

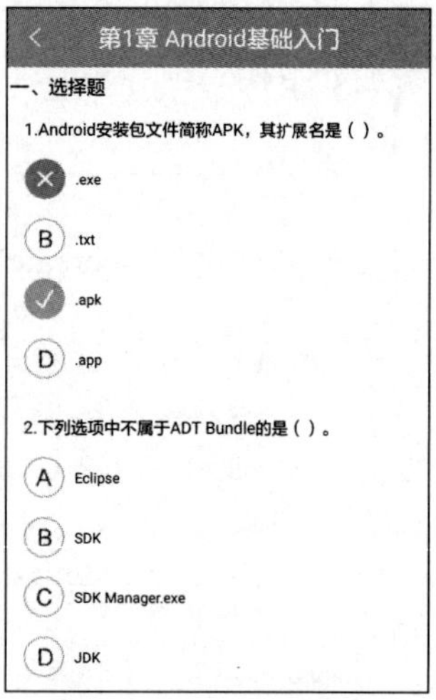

图 6-3　习题详情界面

【任务实施】

（1）创建习题详情界面

在 com.boxuegu.activity 中创建一个 Activity 类，名为 ExercisesDetailActivity，并将布局文件名指定为 activity_exercises_detail。在该布局文件中，通过 <include> 标签将 main_title_bar.xml（标题栏）引入。

（2）导入界面图片

将习题详情界面所需图片 exercises_a.png、exercises_b.png、exercises_c.png、exercises_d.png、exercises _error_icon.png、exercises_right_icon.png 导入 drawable 文件夹中。

（3）放置界面控件

在布局文件中，放置 1 个 TextView 控件用于显示每章习题的类型；1 个 ListView 控件用于显示习题的内容，具体代码如【文件 6-6】所示。

【文件 6-6】activity_exercises_detail.xml

```
1   <?xml version="1.0" encoding="utf-8"?>
2   <LinearLayout xmlns:android="http://schemas.android.com/apk/res/android"
3       android:layout_width="match_parent"
4       android:layout_height="match_parent"
5       android:background="@android:color/white"
6       android:orientation="vertical" >
7       <include layout="@layout/main_title_bar" />
8       <TextView
9           android:layout_width="fill_parent"
10          android:layout_height="wrap_content"
11          android:layout_marginLeft="10dp"
12          android:layout_marginTop="15dp"
13          android:text=" 一、选择题 "
14          android:textColor="#000000"
15          android:textSize="16sp"
16          android:textStyle="bold"
17          android:visibility="gone" />
18      <ListView
```

```
19          android:id="@+id/lv_list"
20          android:layout_width="fill_parent"
21          android:layout_height="fill_parent"
22          android:divider="@null" />
23 </LinearLayout>
```

【任务 6-7】习题详情界面 Item

【任务分析】

由于习题详情界面用到了 ListView 控件，因此需要为该控件创建一个 Item 界面。每一个 Item 包含题干部分和四个选项，每个选项包含选项图片和选项内容，界面效果如图 6-4 所示。

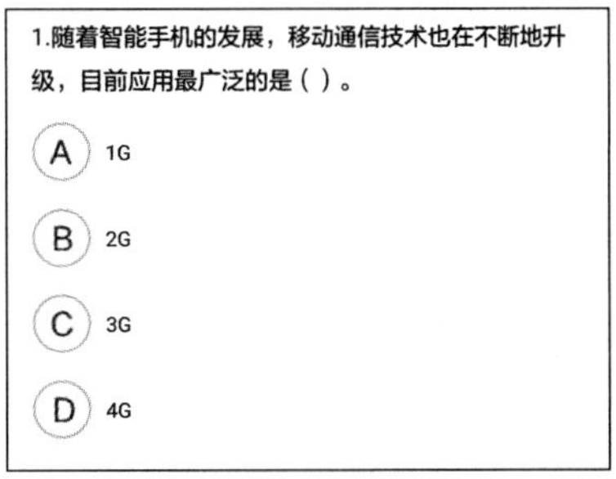

1.随着智能手机的发展，移动通信技术也在不断地升级，目前应用最广泛的是（ ）。
A 1G
B 2G
C 3G
D 4G

图 6-4　习题详情界面 Item

【任务实施】

（1）创建习题详情界面 Item

在 res/layout 文件夹中，创建一个布局文件 exercises_detail_list_item.xml。

（2）放置界面控件

在布局文件中，放置 5 个 TextView 控件，分别用于显示习题的题干、A 选项、B 选项、C 选项、D 选项的内容；4 个 ImageView 控件，分别用于显示 A、B、C、D 四个选项的选项图标，具体代码如【文件 6-7】所示。

【文件 6-7】exercises_detail_list_item.xml

```
1  <?xml version="1.0" encoding="utf-8"?>
2  <LinearLayout xmlns:android="http://schemas.android.com/apk/res/android"
3      android:layout_width="fill_parent"
4      android:layout_height="fill_parent"
5      android:background="@android:color/white"
6      android:orientation="vertical"
7      android:padding="15dp">
8      <TextView
9          android:id="@+id/tv_subject"
10         android:layout_width="fill_parent"
11         android:layout_height="wrap_content"
12         android:lineSpacingMultiplier="1.5"
13         android:textColor="#000000"
14         android:textSize="14sp" />
15     <LinearLayout
16         android:layout_width="fill_parent"
17         android:layout_height="wrap_content"
```

```
18          android:layout_marginTop="15dp"
19          android:orientation="horizontal">
20          <ImageView
21              android:id="@+id/iv_a"
22              android:layout_width="35dp"
23              android:layout_height="35dp"
24              android:src="@drawable/exercises_a" />
25          <TextView
26              android:id="@+id/tv_a"
27              android:layout_width="fill_parent"
28              android:layout_height="wrap_content"
29              android:layout_gravity="center_vertical"
30              android:layout_marginLeft="8dp"
31              android:lineSpacingMultiplier="1.5"
32              android:textColor="#000000"
33              android:textSize="12sp" />
34      </LinearLayout>
35      <LinearLayout
36          android:layout_width="fill_parent"
37          android:layout_height="wrap_content"
38          android:layout_marginTop="15dp"
39          android:orientation="horizontal">
40          <ImageView
41              android:id="@+id/iv_b"
42              android:layout_width="35dp"
43              android:layout_height="35dp"
44              android:src="@drawable/exercises_b" />
45          <TextView
46              android:id="@+id/tv_b"
47              android:layout_width="fill_parent"
48              android:layout_height="wrap_content"
49              android:layout_gravity="center_vertical"
50              android:layout_marginLeft="8dp"
51              android:lineSpacingMultiplier="1.5"
52              android:textColor="#000000"
53              android:textSize="12sp" />
54      </LinearLayout>
55      <LinearLayout
56          android:layout_width="fill_parent"
57          android:layout_height="wrap_content"
58          android:layout_marginTop="15dp"
59          android:orientation="horizontal">
60          <ImageView
```

```
61              android:id="@+id/iv_c"
62              android:layout_width="35dp"
63              android:layout_height="35dp"
64              android:src="@drawable/exercises_c" />
65          <TextView
66              android:id="@+id/tv_c"
67              android:layout_width="fill_parent"
68              android:layout_height="wrap_content"
69              android:layout_gravity="center_vertical"
70              android:layout_marginLeft="8dp"
71              android:lineSpacingMultiplier="1.5"
72              android:textColor="#000000"
73              android:textSize="12sp" />
74      </LinearLayout>
75      <LinearLayout
76          android:layout_width="fill_parent"
77          android:layout_height="wrap_content"
78          android:layout_marginTop="15dp"
79          android:orientation="horizontal">
80          <ImageView
81              android:id="@+id/iv_d"
82              android:layout_width="35dp"
83              android:layout_height="35dp"
84              android:src="@drawable/exercises_d" />
85          <TextView
86              android:id="@+id/tv_d"
87              android:layout_width="fill_parent"
88              android:layout_height="wrap_content"
89              android:layout_gravity="center_vertical"
90              android:layout_marginLeft="8dp"
91              android:lineSpacingMultiplier="1.5"
92              android:textColor="#000000"
93              android:textSize="12sp" />
94      </LinearLayout>
95  </LinearLayout>
```

【任务 6-8】习题数据的存放

【任务分析】

博学谷项目中的所有习题都是存放在 XML 文件中，从本地加载进行显示，因此需要在 assets 文件夹中创建 10 个 XML 文件保存每章的习题内容。每个 XML 文件都包含习题的 Id、题干、选项内容及正确答案等信息。

【任务实施】

（1）创建 assets 文件夹

由于 Android Studio 中没有默认存放资源的 assets 文件夹（assets 文件夹中的资源不会在 R.java 文件下生成对应的标记，并且在程序打包时会将文件直接打入安装包），因此需要手动创建一个 assets 文件夹。把选项卡切换至“Project”选项卡下，在 main 包中右击并选择【New】→【Directory】选项创建一个 assets 文件夹。

（2）创建 XML 文件

首先选中 assets 文件夹，然后右击并选择【File】选项，创建一个 XML 文件，命名为 chapter1.xml，依此类推创建其余 9 个 XML 文件。这 10 个 XML 文件内容是类似的，本书只展示 chapter1.xml 文件中的内容，具体代码如【文件 6-8】所示。

【文件 6-8】chapter1.xml

```
1  <?xml version="1.0" encoding="UTF-8"?>
2  <infos>
3    <exercises id="1">
4        <subject>1.Android 安装包文件简称 APK，其扩展名是（）</subject>
5        <a>.exe</a>
6        <b>.txt</b>
7        <c>.apk</c>
8        <d>.app</d>
9        <answer>3</answer>
10   </exercises>
11   <exercises id="2">
12       <subject>2. 下列选项中不属于 ADT Bundle 的是（）</subject>
13       <a>Eclipse</a>
14       <b>SDK</b>
15       <c>SDK Manager.exe</c>
16       <d>JDK</d>
17       <answer>4</answer>
18   </exercises>
19   <exercises id="3">
20       <subject>3. 应用程序层是一个核心应用程序的集合，主要包括（）</subject>
21       <a> 活动管理器 </a>
22       <b> 短信程序 </b>
23       <c> 音频驱动 </c>
24       <d>Dalvik 虚拟机 </d>
25       <answer>2</answer>
26   </exercises>
27   <exercises id="4">
28       <subject>4.ADB 的常见指令中“列出所有设备”的指令是（）</subject>
29       <a>adb uninstall</a>
```

```
30          <b>adb install</b>
31          <c>adb device</c>
32          <d>adb emulator-avd</d>
33          <answer>3</answer>
34      </exercises>
35      <exercises id="5">
36          <subject>5.创建程序时，填写的Application Name表示）（）</subject>
37          <a>应用名称</a>
38          <b>项目名称</b>
39          <c>项目的包名</c>
40          <d>类的名字</d>
41          <answer>1</answer>
42      </exercises>
43  </infos>
```

（3）解析XML文件

由于习题数据存放在XML文件中，因此需要在“我”的模块中的【任务4-4】AnalysisUtils.java文件里添加一个XML数据解析方法getExercisesInfos()，使用Pull解析方式对数据进行解析，具体代码如下：

```
/**
 *解析每章的习题
 */
public static List<ExercisesBean> getExercisesInfos(InputStream is) throws
Exception {
    XmlPullParser parser= Xml.newPullParser();
    parser.setInput(is, "utf-8");
    List<ExercisesBean> exercisesInfos=null;
    ExercisesBean exercisesInfo=null;
    int type=parser.getEventType();
    while(type!=XmlPullParser.END_DOCUMENT) {
        switch (type) {
        case XmlPullParser.START_TAG:
            if("infos".equals(parser.getName())){
                exercisesInfos=new ArrayList<ExercisesBean>();
            }else if("exercises".equals(parser.getName())){
                exercisesInfo=new ExercisesBean();
                String ids=parser.getAttributeValue(0);
                exercisesInfo.subjectId=Integer.parseInt(ids);
            }else if("subject".equals(parser.getName())){
                String subject=parser.nextText();
                exercisesInfo.subject=subject;
            }else if("a".equals(parser.getName())){
```

```
                String a=parser.nextText();
                exercisesInfo.a=a;
            }else if("b".equals(parser.getName())){
                String b=parser.nextText();
                exercisesInfo.b=b;
            }else if("c".equals(parser.getName())){
                String c=parser.nextText();
                exercisesInfo.c=c;
            }else if("d".equals(parser.getName())){
                String d=parser.nextText();
                exercisesInfo.d=d;
            }else if("answer".equals(parser.getName())){
                String answer=parser.nextText();
                exercisesInfo.answer=Integer.parseInt(answer);
            }
            break;
        case XmlPullParser.END_TAG:
            if("exercises".equals(parser.getName())){
                exercisesInfos.add(exercisesInfo);
                exercisesInfo=null;
            }
            break;
        }
        type=parser.next();
    }
    return exercisesInfos;
}
```

【任务 6-9】习题详情界面 Adapter

【任务分析】

由于习题详情界面用到了 ListView 控件，因此需要创建一个数据适配器来对 ListView 进行数据填充。由于做过的习题不允许用户重做，因此用 ArrayList 来记录做过的习题位置。由任务综述可知，当点击习题选项的同时会提示正确答案，因此需要判断用户所选的答案是否正确，若正确则此选项前面换成绿色图标，若不正确则换成红色图标。

【任务实施】

（1）创建 ExercisesDetailAdapter 类

在 com.boxuegu.adapter 包中创建一个 ExercisesDetailAdapter 类继承 BaseAdapter 类，并重写 getCount()、getItem()、getItemId()、getView() 方法。在 getView() 方法中需要设置 Item 布局、数据以及界面跳转方法，使用 convertView 对象做优化处理。

（2）创建 OnSelectListener 接口

由于点击选项时需要更换 A、B、C、D 选项的图标，因此创建一个 OnSelectListener 接口，在该接口中创建 onSelectA()、onSelectB()、onSelectC()、onSelectD() 方法分别用来传递各个选项的控件便于后续更换图标，具体代码如【文件 6-9】所示。

【文件 6-9】ExercisesDetailAdapter.java

```
1  package com.boxuegu.adapter;
2  import android.content.Context;
3  import android.view.LayoutInflater;
4  import android.view.View;
5  import android.view.ViewGroup;
6  import android.widget.BaseAdapter;
7  import android.widget.ImageView;
8  import android.widget.TextView;
9  import java.util.ArrayList;
10 import java.util.List;
11 import com.boxuegu.bean.ExercisesBean;
12 import com.boxuegu.utils.AnalysisUtils;
13 import com.boxuegu.R;
14 public class ExercisesDetailAdapter extends BaseAdapter {
15   private Context mContext;
16   private List<ExercisesBean> ebl;
17   private OnSelectListener onSelectListener;
18   public ExercisesDetailAdapter(Context context, OnSelectListener
     onSelectListener) {
19          this.mContext=context;
20          this.onSelectListener=onSelectListener;
21   }
22   public void setData(List<ExercisesBean> ebl) {
23          this.ebl=ebl;
24          notifyDataSetChanged();
25   }
26   @Override
27   public int getCount() {
28          return ebl==null ? 0 : ebl.size();
29   }
30   @Override
31   public ExercisesBean getItem(int position) {
32          return ebl==null ? null : ebl.get(position);
33   }
34   @Override
35   public long getItemId(int position) {
36          return position;
```

```
37    }
38    //记录点击的位置
39    private ArrayList<String> selectedPosition = new ArrayList<String>();
40    @Override
41    public View getView(final int position, View convertView, ViewGroup
      parent) {
42            final ViewHolder vh;
43            if(convertView==null) {
44                    vh=new ViewHolder();
45                    convertView=LayoutInflater.from(mContext).inflate(
                      R.layout.exercises_detail_list_item,null);
46                    vh.subject=(TextView) convertView.findViewById
                      (R.id.tv_subject);
47                    vh.tv_a=(TextView) convertView.findViewById(R.id.tv_a);
48                    vh.tv_b=(TextView) convertView.findViewById(R.id.tv_b);
49                    vh.tv_c=(TextView) convertView.findViewById(R.id.tv_c);
50                    vh.tv_d=(TextView) convertView.findViewById(R.id.tv_d);
51                    vh.iv_a=(ImageView) convertView.findViewById(R.id.iv_a);
52                    vh.iv_b=(ImageView) convertView.findViewById(R.id.iv_b);
53                    vh.iv_c=(ImageView) convertView.findViewById(R.id.iv_c);
54                    vh.iv_d=(ImageView) convertView.findViewById(R.id.iv_d);
55                    convertView.setTag(vh);
56            } else {
57                    vh=(ViewHolder) convertView.getTag();
58            }
59            final ExercisesBean bean=getItem(position);
60            if(bean!=null) {
61                    vh.subject.setText(bean.subject);
62                    vh.tv_a.setText(bean.a);
63                    vh.tv_b.setText(bean.b);
64                    vh.tv_c.setText(bean.c);
65                    vh.tv_d.setText(bean.d);
66            }
67            if(!selectedPosition.contains(""+position)) {
68                    vh.iv_a.setImageResource(R.drawable.exercises_a);
69                    vh.iv_b.setImageResource(R.drawable.exercises_b);
70                    vh.iv_c.setImageResource(R.drawable.exercises_c);
71                    vh.iv_d.setImageResource(R.drawable.exercises_d);
72                    AnalysisUtils.setABCDEnable(true, vh.iv_a, vh.iv_b,
                      vh.iv_c, vh.iv_d);
73            } else {
74                    AnalysisUtils.setABCDEnable(false, vh.iv_a, vh.iv_b,
                      vh.iv_c, vh.iv_d);
```

```
75                  switch(bean.select) {
76                      case 0:
77                          //用户所选项是正确的
78                          if(bean.answer==1) {
79                              vh.iv_a.setImageResource(
                                R.drawable.exercises_right_icon);
80                              vh.iv_b.setImageResource(
                                R.drawable.exercises_b);
81                              vh.iv_c.setImageResource(
                                R.drawable.exercises_c);
82                              vh.iv_d.setImageResource(
                                R.drawable.exercises_d);
83                          } else if(bean.answer==2) {
84                              vh.iv_a.setImageResource(
                                R.drawable.exercises_a);
85                              vh.iv_b.setImageResource(
                                R.drawable.exercises_right_icon);
86                              vh.iv_c.setImageResource(
                                R.drawable.exercises_c);
87                              vh.iv_d.setImageResource(
                                R.drawable.exercises_d);
88                          } else if (bean.answer==3) {
89                              vh.iv_a.setImageResource(
                                R.drawable.exercises_a);
90                              vh.iv_b.setImageResource(
                                R.drawable.exercises_b);
91                              vh.iv_c.setImageResource(
                                R.drawable.exercises_right_icon);
92                              vh.iv_d.setImageResource(
                                R.drawable.exercises_d);
93                          } else if(bean.answer==4) {
94                              vh.iv_a.setImageResource(
                                R.drawable.exercises_a);
95                              vh.iv_b.setImageResource(
                                R.drawable.exercises_b);
96                              vh.iv_c.setImageResource(
                                R.drawable.exercises_c);
97                              vh.iv_d.setImageResource(
                                R.drawable.exercises_right_icon);
98                          }
99                          break;
100                     case 1:
101                         //用户所选项A是错误的
```

```
102                     vh.iv_a.setImageResource(R.drawable.
                        exercises_error_icon);
103                     if(bean.answer==2) {
104                         vh.iv_b.setImageResource(
                            R.drawable.exercises_right_icon);
105                         vh.iv_c.setImageResource(
                            R.drawable.exercises_c);
106                         vh.iv_d.setImageResource(
                            R.drawable.exercises_d);
107                     } else if(bean.answer==3) {
108                         vh.iv_b.setImageResource(
                            R.drawable.exercises_b);
109                         vh.iv_c.setImageResource(
                            R.drawable.exercises_right_icon);
110                         vh.iv_d.setImageResource(
                            R.drawable.exercises_d);
111                     } else if(bean.answer==4) {
112                         vh.iv_b.setImageResource(
                            R.drawable.exercises_b);
113                         vh.iv_c.setImageResource(
                            R.drawable.exercises_c);
114                         vh.iv_d.setImageResource(
                            R.drawable.exercises_right_icon);
115                     }
116                     break;
117                 case 2:
118                     //用户所选项B是错误的
119                     vh.iv_b.setImageResource(R.drawable.
                        exercises_error_icon);
120                     if(bean.answer==1) {
121                         vh.iv_a.setImageResource(
                            R.drawable.exercises_right_icon);
122                         vh.iv_c.setImageResource(
                            R.drawable.exercises_c);
123                         vh.iv_d.setImageResource(
                            R.drawable.exercises_d);
124                     } else if(bean.answer==3) {
125                         vh.iv_a.setImageResource(
                            R.drawable.exercises_a);
126                         vh.iv_c.setImageResource(
                            R.drawable.exercises_right_icon);
127                         vh.iv_d.setImageResource(
                            R.drawable.exercises_d);
```

```
128                 } else if(bean.answer==4) {
129                         vh.iv_a.setImageResource(
                            R.drawable.exercises_a);
130                         vh.iv_c.setImageResource(
                            R.drawable.exercises_c);
131                         vh.iv_d.setImageResource(
                            R.drawable.exercises_right_icon);
132                 }
133                 break;
134             case 3:
135                 //用户所选项C是错误的
136                 vh.iv_c.setImageResource(
                    R.drawable.exercises_error_icon);
137                 if(bean.answer==1) {
138                         vh.iv_a.setImageResource(
                            R.drawable.exercises_right_icon);
139                         vh.iv_b.setImageResource(
                            R.drawable.exercises_b);
140                         vh.iv_d.setImageResource(
                            R.drawable.exercises_d);
141                 } else if(bean.answer==2) {
142                         vh.iv_a.setImageResource(
                            R.drawable.exercises_a);
143                         vh.iv_b.setImageResource(
                            R.drawable.exercises_right_icon);
144                         vh.iv_d.setImageResource(
                            R.drawable.exercises_d);
145                 } else if(bean.answer==4) {
146                         vh.iv_a.setImageResource(
                            R.drawable.exercises_a);
147                         vh.iv_b.setImageResource(
                            R.drawable.exercises_b);
148                         vh.iv_d.setImageResource(
                            R.drawable.exercises_right_icon);
149                 }
150                 break;
151             case 4:
152                 //用户所选项D是错误的
153                 vh.iv_d.setImageResource(
                    R.drawable.exercises_error_icon);
154                 if(bean.answer==1) {
155                         vh.iv_a.setImageResource(
                            R.drawable.exercises_right_icon);
```

```
156                                 vh.iv_b.setImageResource(
                                    R.drawable.exercises_b);
157                                 vh.iv_c.setImageResource(
                                    R.drawable.exercises_c);
158                             } else if(bean.answer==2) {
159                                 vh.iv_a.setImageResource(
                                    R.drawable.exercises_a);
160                                 vh.iv_b.setImageResource(
                                    R.drawable.exercises_right_icon);
161                                 vh.iv_c.setImageResource(
                                    R.drawable.exercises_c);
162                             } else if(bean.answer==3) {
163                                 vh.iv_a.setImageResource(
                                    R.drawable.exercises_a);
164                                 vh.iv_b.setImageResource(
                                    R.drawable.exercises_b);
165                                 vh.iv_c.setImageResource(
                                    R.drawable.exercises_right_icon);
166                             }
167                             break;
168                         default:
159                             break;
170                     }
171             }
172             //当用户点击A选项的点击事件
173             vh.iv_a.setOnClickListener(new View.OnClickListener() {
174                 @Override
175                 public void onClick(View v) {
176                     //判断selectedPosition中是否包含此时点击的positon
177                     if(selectedPosition.contains(""+position)) {
178                         selectedPosition.remove(""+position);
179                     } else {
180                         selectedPosition.add(position+"");
181                     }
182                     onSelectListener.onSelectA(position, vh.iv_a,
                        vh.iv_b, vh.iv_c,vh.iv_d);
183                 }
184             });
185             //当用户点击B选项的点击事件
186             vh.iv_b.setOnClickListener(new View.OnClickListener() {
187                 @Override
188                 public void onClick(View v) {
189                     if(selectedPosition.contains(""+position)) {
```

```
190                         selectedPosition.remove(""+position);
191                     } else {
192                         selectedPosition.add(position+"");
193                     }
194                     onSelectListener.onSelectB(position, vh.iv_a,
                        vh.iv_b, vh.iv_c,vh.iv_d);
195                 }
196         });
197         // 当用户点击 C 选项的点击事件
198         vh.iv_c.setOnClickListener(new View.OnClickListener() {
199                 @Override
200                 public void onClick(View v) {
201                     if(selectedPosition.contains(""+position)) {
202                         selectedPosition.remove(""+position);
203                     } else {
204                         selectedPosition.add(position+"");
205                     }
206                     onSelectListener.onSelectC(position, vh.iv_a,
                        vh.iv_b, vh.iv_c,vh.iv_d);
207                 }
208         });
209         // 当用户点击 D 选项的点击事件
210         vh.iv_d.setOnClickListener(new View.OnClickListener() {
211                 @Override
212                 public void onClick(View v) {
213                     if(selectedPosition.contains(""+position)) {
214                         selectedPosition.remove(""+position);
215                     } else {
216                         selectedPosition.add(position+"");
217                     }
218                     onSelectListener.onSelectD(position, vh.iv_a,
                        vh.iv_b, vh.iv_c,vh.iv_d);
219                 }
220         });
221         return convertView;
222 }
223 class ViewHolder {
224         public TextView subject, tv_a, tv_b, tv_c, tv_d;
225         public ImageView iv_a, iv_b, iv_c, iv_d;
226 }
227 public interface OnSelectListener {
228         void onSelectA(int position, ImageView iv_a, ImageView iv_b,
```

```
            ImageView iv_c, ImageView iv_d);
229         void onSelectB(int position, ImageView iv_a, ImageView iv_b,
            ImageView iv_c, ImageView iv_d);
230         void onSelectC(int position, ImageView iv_a, ImageView iv_b,
            ImageView iv_c, ImageView iv_d);
231         void onSelectD(int position, ImageView iv_a, ImageView iv_b,
            ImageView iv_c, ImageView iv_d);
232     }
233 }
```

◎第 76 ~ 99 行代码用于编写用户选择正确情况下的逻辑，当用户选择的答案是正确答案时，需要将相应的选项图标设为绿色。

◎第 100 ~ 116 行代码编写用户选择 A 选项是错误答案时的逻辑，当用户选择 A 选项之后首先将 A 选项之前的图标设为红色，之后将正确选项的图标设为绿色。

◎第 117 ~ 133 行代码编写用户选择 B 选项是错误答案时的逻辑，当用户选择 B 选项之后首先将 B 选项之前的图标设为红色，之后将正确选项的图标设为绿色。

◎第 134 ~ 150 行代码编写用户选择 C 选项是错误答案时的逻辑，当用户选择 C 选项之后首先将 C 选项之前的图标设为红色，之后将正确选项的图标设为绿色。

◎第 151 ~ 167 行代码编写用户选择 D 选项是错误答案时的逻辑，当用户选择 D 选项之后首先将 D 选项之前的图标设为红色，之后将正确选项的图标设为绿色。

【任务 6-10】习题详情界面逻辑代码

【任务分析】

在习题列表界面中，点击任意一个条目就会跳转到习题详情界面并显示对应章的习题，在这个跳转的过程中，需要从习题界面获取传递过来的章节 Id 和 Title。由于每章习题存放在 assets 文件夹中对应的 XML 文件中，因此需要根据 Id 从 XML 文件中解析对应章节的数据，并且在点击 A、B、C、D 选项时会替换正确和错误的图标。当用户选择习题答案之后，该题目的选项不能被再次选中。

【任务实施】

（1）从 assets 文件夹中获取数据

由于习题详情界面的数据是从本地获取的，因此需要在 ExercisesDetailActivity 中创建一个 initData() 方法，然后根据习题界面传递过来的章节 Id 从 XML 文件中获取详细数据。

（2）获取界面控件

创建 init() 方法，用于获取习题详情界面所要用到的控件并对其进行操作，具体代码如【文件 6-10】所示。

【文件 6-10】ExercisesDetailActivity.java

```
1  package com.boxuegu.activity;
2  import android.content.pm.ActivityInfo;
3  import android.graphics.Color;
4  import android.os.Bundle;
5  import android.support.v7.app.AppCompatActivity;
6  import android.view.View;
7  import android.widget.ImageView;
8  import android.widget.ListView;
9  import android.widget.RelativeLayout;
10 import android.widget.TextView;
11 import com.boxuegu.R;
12 import com.boxuegu.adapter.ExercisesDetailAdapter;
13 import com.boxuegu.bean.ExercisesBean;
14 import com.boxuegu.utils.AnalysisUtils;
15 import java.io.InputStream;
16 import java.util.ArrayList;
17 import java.util.List;
18 public class ExercisesDetailActivity extends AppCompatActivity {
19     private TextView tv_main_title;
20     private TextView tv_back;
21     private RelativeLayout rl_title_bar;
22     private ListView lv_list;
23     private String title;
24     private int id;
25     private List<ExercisesBean> ebl;
26     private ExercisesDetailAdapter adapter;
27     @Override
28     protected void onCreate(Bundle savedInstanceState) {
29         super.onCreate(savedInstanceState);
30         setContentView(R.layout.activity_exercises_detail);
31         //设置此界面为竖屏
32         setRequestedOrientation(ActivityInfo.SCREEN_ORIENTATION_PORTRAIT);
33         // 获取从习题界面传递过来的章节 id
34         id=getIntent().getIntExtra("id", 0);
35         // 获取从习题界面传递过来的章节标题
36         title=getIntent().getStringExtra("title");
37         ebl=new ArrayList<ExercisesBean>();
38         initData();
39         init();
40     }
41     private void initData() {
```

```
42          try {
43              // 从 xml 文件中获取习题数据
44              InputStream is=getResources().getAssets().open(
45                      "chapter" + id + ".xml");
46              ebl=AnalysisUtils.getExercisesInfos(is);
47          } catch (Exception e) {
48              e.printStackTrace();
49          }
50      }
51      /**
52       * 初始化控件
53       */
54      private void init() {
55          tv_main_title=(TextView) findViewById(R.id.tv_main_title);
56          tv_back=(TextView) findViewById(R.id.tv_back);
57          rl_title_bar=(RelativeLayout) findViewById(R.id.title_bar);
58          rl_title_bar.setBackgroundColor(Color.parseColor ("#30B4FF"));
59          lv_list=(ListView) findViewById(R.id.lv_list);
60          TextView tv=new TextView(this);
61          tv.setTextColor(Color.parseColor("#000000"));
62          tv.setTextSize(16.0f);
63          tv.setText("一、选择题");
64          tv.setPadding(10, 15, 0, 0);
65          lv_list.addHeaderView(tv);
66          tv_main_title.setText(title);
67          tv_back.setOnClickListener(new View.OnClickListener() {
68              @Override
69              public void onClick(View v) {
70                  ExercisesDetailActivity.this.finish();
71              }
72          });
73          adapter=new ExercisesDetailAdapter(ExercisesDetailActivity.this,
            new ExercisesDetailAdapter.OnSelectListener() {
74                      @Override
75                      public void onSelectD(int position, ImageView iv_a,
                        ImageView iv_b, ImageView iv_c, ImageView iv_d) {
76                          //判断如果答案不是 4 即 D 选项
77                          if(ebl.get(position).answer!=4) {
78                              ebl.get(position).select=4;
79                          } else {
80                              ebl.get(position).select=0;
81                          }
82                          switch(ebl.get(position).answer) {
```

```
83                  case 1:
84                      iv_a.setImageResource(R.drawable.
                        exercises_right_icon);
85                      iv_d.setImageResource(R.drawable.
                        exercises_error_icon);
86                      break;
87                  case 2:
88                      iv_d.setImageResource(R.drawable.
                        exercises_error_icon);
89                      iv_b.setImageResource(R.drawable.
                        exercises_right_icon);
90                      break;
91                  case 3:
92                      iv_d.setImageResource(R.drawable.
                        exercises_error_icon);
93                      iv_c.setImageResource(R.drawable.
                        exercises_right_icon);
94                      break;
95                  case 4:
96                      iv_d.setImageResource(R.drawable.
                        exercises_right_icon);
97                      break;
98              }
99              AnalysisUtils.setABCDEnable(false, iv_a,
                iv_b, iv_c, iv_d);
100         }
101         @Override
102         public void onSelectC(int position, ImageView iv_a,
            ImageView iv_b, ImageView iv_c, ImageView iv_d) {
103             //判断如果答案不是3即C选项
104             if(ebl.get(position).answer!=3) {
105                 ebl.get(position).select=3;
106             } else {
107                 ebl.get(position).select=0;
108             }
109             switch(ebl.get(position).answer) {
110                 case 1:
111                     iv_a.setImageResource(R.drawable.
                        exercises_right_icon);
112                     iv_c.setImageResource(R.drawable.
                        exercises_error_icon);
113                     break;
114                 case 2:
```

```
115                     iv_b.setImageResource(R.drawable.
                        exercises_right_icon);
116                     iv_c.setImageResource(R.drawable.
                        exercises_error_icon);
117                     break;
118                 case 3:
119                     iv_c.setImageResource(R.drawable.
                        exercises_right_icon);
120                     break;
121                 case 4:
122                     iv_c.setImageResource(R.drawable.
                        exercises_error_icon);
123                     iv_d.setImageResource(R.drawable.
                        exercises_right_icon);
124                     break;
125             }
126             AnalysisUtils.setABCDEnable(false, iv_a,
                iv_b, iv_c, iv_d);
127         }
128         @Override
129         public void onSelectB(int position, ImageView iv_a,
                        ImageView iv_b, ImageView iv_c,
                        ImageView iv_d) {
130             //判断如果答案不是2即B选项
131             if(ebl.get(position).answer!=2) {
132                 ebl.get(position).select=2;
133             } else {
134                 ebl.get(position).select=0;
135             }
136             switch(ebl.get(position).answer) {
137                 case 1:
138                     iv_a.setImageResource(R.drawable.
                        exercises_right_icon);
139                     iv_b.setImageResource(R.drawable.
                        exercises_error_icon);
140                     break;
141                 case 2:
142                     iv_b.setImageResource(R.drawable.
                        exercises_right_icon);
143                     break;
144                 case 3:
145                     iv_b.setImageResource(R.drawable.
                        exercises_error_icon);
```

```
146                    iv_c.setImageResource(R.drawable.
                       exercises_right_icon);
147                    break;
148                case 4:
149                    iv_b.setImageResource(R.drawable.
                       exercises_error_icon);
150                    iv_d.setImageResource(R.drawable.
                       exercises_right_icon);
151                    break;
152            }
153            AnalysisUtils.setABCDEnable(false, iv_a,
           iv_b, iv_c, iv_d);
154        }
155        @Override
156        public void onSelectA(int position, ImageView
       iv_a,ImageView iv_b, ImageView iv_c, ImageView iv_d) {
157            //判断如果答案不是1即A选项
158            if(ebl.get(position).answer!=1) {
159                ebl.get(position).select=1;
160            } else {
161                ebl.get(position).select=0;
162            }
163            switch(ebl.get(position).answer) {
164                case 1:
165                    iv_a.setImageResource(R.drawable.
                       exercises_right_icon);
166                    break;
167                case 2:
168                    iv_a.setImageResource(R.drawable.
                       exercises_error_icon);
169                    iv_b.setImageResource(R.drawable.
                       exercises_right_icon);
170                    break;
171                case 3:
172                    iv_a.setImageResource(R.drawable.
                       exercises_error_icon);
173                    iv_c.setImageResource(R.drawable.
                       exercises_right_icon);
174                    break;
175                case 4:
176                    iv_a.setImageResource(R.drawable.
                       exercises_error_icon);
177                    iv_d.setImageResource(R.drawable.
```

```
                                    exercises_right_icon);
178                                 break;
179                         }
180                         AnalysisUtils.setABCDEnable(false, iv_a,
                        iv_b, iv_c, iv_d);
181                 }
182             });
183         adapter.setData(ebl);
184         lv_list.setAdapter(adapter);
185     }
186 }
```

（3）修改习题界面数据适配器

由于习题详情界面是通过习题界面数据适配器跳转的，因此需要找到【任务 6-4】ExercisesAdapter.java 文件中的 getView() 方法，在注释“// 跳转到习题详情界面”下方添加如下代码：

```
if(bean==null) {
    return;
}
//跳转到习题详情页面
Intent intent = new Intent(mContext, ExercisesDetailActivity.class);
//把章节 Id 传递到习题详情页面
intent.putExtra("id", bean.id);
//把标题传递到习题详情页面
intent.putExtra("title", bean.title);
mContext.startActivity(intent);
```

（4）设置 A、B、C、D 选项是否可点击

由于在习题详情界面用户点击某一道题的选项之后会自动提示正确答案，并且做过的题不能重做，因此需要创建 setABCDEnable() 方法来控制 A、B、C、D 选项是否可被点击，在“我”的模块中的【任务 4-4】的 AnalysisUtils.java 文件中添加此方法，具体代码如下：

```
/**
 * 设置A、B、C、D选项是否可被点击
 */
public static void setABCDEnable(boolean value,ImageView iv_a,
ImageView
iv_b,ImageView iv_c,ImageView iv_d){
    iv_a.setEnabled(value);
    iv_b.setEnabled(value);
```

```
        iv_c.setEnabled(value);
        iv_d.setEnabled(value);
    }
```

小　　结

本章主要讲解了博学谷项目的习题模块，习题模块主要包括习题界面和习题详情界面。习题详情界面中的选项对错逻辑以及选项图标的设置逻辑较为复杂，需要读者认真仔细分析。

【思考题】

1．如何解析 XML 文件中的章节习题？

2．如何实现习题列表界面的展示？

第7章 课程模块

学习目标

◎掌握博学谷课程模块的开发，能够实现课程列表的展示；

◎掌握课程详情模块的开发，能够实现视频的播放功能；

◎掌握播放记录模块的开发，能够实现对数据库的熟练运用。

博学谷项目的课程模块主要用于展示课程中的视频信息，当点击课程列表时会跳转到课程详情界面，在该界面中可以播放相应章节的视频。同时为了方便用户查看已学习的视频，还在“我”的界面中添加了一个播放记录。本章将针对课程模块进行详细讲解。

7.1 课程列表

综述

在博学谷项目开发中，程序经过欢迎界面后会直接进入课程界面。课程界面分为上下两部分，上部分通过 ViewPager 与 Fragment 实现滑动广告展示，下部分通过 ListView 控件来展示《Android 移动开发基础案例教程》第 1 ～ 10 章的课程列表。由于博学谷项目用的是本地数据并且课程界面数据量比较大，因此课程界面的所有数据需存放在 XML 文件中，通过解析 XML 文件来获取数据填充界面。

【知识点】

◎ Fragment 的使用；

◎ ViewPager 控件；

◎ XML 文件的解析；

◎自定义控件的使用。

【技能点】

◎掌握课程界面的设计和逻辑构思；

◎通过 Fragment 与 ViewPager 控件实现广告栏的滑动效果；

◎通过解析 XML 文件获取每章的课程；

◎掌握如何自定义控件。

【任务 7-1】水平滑动广告栏界面

【任务分析】

水平滑动广告栏主要用于展示广告信息或者活动信息，由 ViewPager 控件和一个自定义的线性布局 ViewPagerIndicator 组成，界面效果如图 7-1 所示。

图 7-1 水平滑动广告栏界面

【任务实施】

（1）创建水平滑动广告栏界面

在 res/layout 文件夹中，创建一个布局文件 main_adbanner.xml。

（2）导入界面图片

将广告栏界面所需图片 default_img.png、banner_1.png、banner_2.png、banner_3.png 导入到 drawable 文件夹中。

（3）放置界面控件

在布局文件中，放置 1 个 ViewPager 控件用于显示左右滑动的广告图片，由于广告栏的下边有几个与图片同时滑动的小圆点，因此需要自定义 1 个 ViewPagerIndicator 布局来显示滑动的小圆点，具体代码如【文件 7-1】所示。

【文件 7-1】main_adbanner.xml

```
1  <?xml version="1.0" encoding="utf-8"?>
2  <RelativeLayout xmlns:android="http://schemas.android.com/apk/res/android"
3      android:id="@+id/rl_adBanner"
4      android:layout_width="match_parent"
5      android:layout_height="160dp"
6      android:background="#eeeeee"
7      android:orientation="vertical">
8      <!-- 如果没有 android.support.v4 包可需手动导入 -->
9      <android.support.v4.view.ViewPager
```

```
10          android:id="@+id/vp_advertBanner"
11          android:layout_width="fill_parent"
12          android:layout_height="fill_parent"
13          android:layout_alignParentLeft="true"
14          android:layout_alignParentTop="true"
15          android:layout_marginBottom="1dp"
16          android:background="@drawable/default_img"
17          android:gravity="center" />
18      <LinearLayout
19          android:layout_width="fill_parent"
20          android:layout_height="wrap_content"
21          android:layout_alignParentBottom="true"
22          android:background="@android:color/transparent">
23          <com.boxuegu.view.ViewPagerIndicator
24              android:id="@+id/vpi_advert_indicator"
25              android:layout_width="0dp"
26              android:layout_height="fill_parent"
27              android:layout_gravity="center"
28              android:layout_weight="1"
29              android:gravity="center"
30              android:padding="4dp" />
31      </LinearLayout>
32  </RelativeLayout>
```

◎第 9 ~ 17 行代码用于添加 ViewPager 控件。需要注意的是，在布局文件中添加 ViewPager 控件需要写出 ViewPager 的全路径。

（4）自定义控件

在实际开发中，很多时候 Android 自带的控件都不能满足用户需求，此时就需要自定义一个控件。在博学谷项目中，水平滑动广告栏底部的小圆点控件就需要通过自定义控件完成，因此在 com.boxuegu.view 包中创建一个 ViewPagerIndicator 类并继承 LinearLayout 类，具体代码如【文件 7-2】所示。

【文件 7-2】 ViewPagerIndicator.java

```
1  package com.boxuegu.view;
2  import com.boxuegu.R;
3  import android.content.Context;
4  import android.util.AttributeSet;
5  import android.view.Gravity;
6  import android.widget.ImageView;
7  import android.widget.LinearLayout;
8  public class ViewPagerIndicator extends LinearLayout {
```

```
9      private int mCount;                    //小圆点的个数
10     private int mIndex;                    //当前小圆点的位置
11     private Context context;
12     public ViewPagerIndicator(Context context) {
13         this(context, null);
14     }
15     public ViewPagerIndicator(Context context, AttributeSet attrs) {
16         super(context, attrs);
17         this.context=context;
18         setGravity(Gravity.CENTER);//设置此布局居中
19     }
20     /**
21      * 设置滑动到当前小圆点时其他圆点的位置
22      */
23     public void setCurrentPosition(int currentIndex) {
24         mIndex=currentIndex;           //当前小圆点
25         removeAllViews();              //移除界面上存在的view
26         int pex=5;
27         for(int i=0; i<mCount; i++) {
28             //创建一个ImageView控件来放置小圆点
29             ImageView imageView = new ImageView(context);
30             if(mIndex==i) {      //滑动到的当前界面
31                 //设置小圆点的图片为蓝色图片
32                 imageView.setImageResource(R.drawable.indicator_on);
33             }else {
34                 //设置小圆点的图片为灰色图片
35                 imageView.setImageResource(R.drawable.indicator_off);
36             }
37             imageView.setPadding(pex, 0, pex, 0);
38             addView(imageView);
39         }
40     }
41     /**
42      * 设置小圆点的数目
43      */
44     public void setCount(int count) {
45         this.mCount=count;
46     }
47 }
```

（5）indicator_on.xml 和 indicator_off.xml 的创建

在自定义控件 ViewPagerIndicator 中分别有 1 个蓝色和 1 个灰色的小圆点图片，这两个图片是在 drawable 文件夹下分别创建了 indicator_on.xml 和 indicator_off.xml 两个文件来实现的，具体代码如【文件 7-3】和【文件 7-4】所示。

【文件 7-3】indicator_on.xml

```
1  <?xml version="1.0" encoding="utf-8"?>
2  <shape xmlns:android="http://schemas.android.com/apk/res/android"
3      android:shape="oval">
4      <size android:height="6dp" android:width="6dp"/>
5      <solid android:color="#00ABF8"/>
6  </shape>
```

【文件 7-4】indicator_off.xml

```
1  <?xml version="1.0" encoding="utf-8"?>
2  <shape xmlns:android="http://schemas.android.com/apk/res/android"
3      android:shape="oval">
4      <size android:height="6dp" android:width="6dp"/>
5      <solid android:color="#737373"/>
6  </shape>
```

在上述代码中，shape 用于设定形状，可以用在选择器和布局中，shape 默认为矩形（rectangle），可设置为椭圆形（oval）、线性形状（line）、环形（ring）。size 表示大小，可设置宽高。solid 表示内部填充色。

【任务 7-2】课程界面

【任务分析】

课程界面主要由水平滑动广告栏和基础视频列表组成，广告栏主要用于展示博学谷的教材体系及所得奖项信息，基础视频列表主要用于展示《Android 移动开发基础案例教程》1 ～ 10 章的课程列表，界面效果如图 7-2 所示。

图 7-2　课程界面

【任务实施】

（1）创建课程界面

在 res/layout 文件夹中，创建一个布局文件 main_view_course.xml。在该布局文件中，通过 <include> 标签将 main_adbanner.xml（广告栏）引入。

（2）导入界面图片

将课程界面所需图片 course_intro_icon.png、chapter_1_

icon.png、chapter_2_icon.png、chapter_3_icon.png、chapter_4_icon.png、chapter_5_icon.png、chapter_6_icon.png、chapter_7_icon.png、chapter_8_icon.png、chapter_9_icon.png、chapter_10_icon.png 导入到 drawable 文件夹中。

（3）放置界面控件

在布局文件中，放置 1 个 ImageView 控件来显示视频标题的图标；1 个 TextView 控件来显示视频的标题；1 个 ListView 控件来显示视频列表，具体代码如【文件 7-5】所示。

【文件 7-5】main_view_course.xml

```
1  <?xml version="1.0" encoding="utf-8"?>
2  <LinearLayout xmlns:android="http://schemas.android.com/apk/res/android"
3      android:layout_width="match_parent"
4      android:layout_height="match_parent"
5      android:background="@android:color/white"
6      android:orientation="vertical" >
7      <include layout="@layout/main_adbanner" />
8      <LinearLayout
9          android:layout_width="fill_parent"
10         android:layout_height="45dp" >
11         <ImageView
12             android:layout_width="25dp"
13             android:layout_height="25dp"
14             android:layout_gravity="center_vertical"
15             android:layout_marginLeft="8dp"
16             android:src="@drawable/course_intro_icon" />
17         <TextView
18             android:layout_width="wrap_content"
19             android:layout_height="fill_parent"
20             android:layout_marginLeft="5dp"
21             android:gravity="center_vertical"
22             android:text="Android 基础教程 4-10 章视频 "
23             android:textColor="@android:color/black"
24             android:textSize="16sp"
25             android:textStyle="bold" />
26     </LinearLayout>
27     <View
28         android:layout_width="fill_parent"
29         android:layout_height="1dp"
30         android:layout_marginLeft="8dp"
31         android:layout_marginRight="8dp"
32         android:background="#E4E4E4" />
33     <ListView
34         android:id="@+id/lv_list"
```

```
35            android:layout_width="fill_parent"
36            android:layout_height="fill_parent"
37            android:layout_marginBottom="55dp"
38            android:divider="@null"
39            android:dividerHeight="0dp"
40            android:scrollbars="none" />
41    </LinearLayout>
```

【任务 7-3】课程界面 Item

【任务分析】

课程界面是使用 ListView 控件展示视频列表的，因此需要创建一个该列表的 Item 界面。每个 Item 中包含有两个章节信息，每一个章节信息中又包含一个章节图片、一个章节名称和一个章节概要，界面效果如图 7-3 所示。

图 7-3　课程界面 Item

【任务实施】

（1）创建课程界面 Item

在 res/layout 文件夹中，创建一个布局文件 course_list_item.xml。

（2）放置界面控件

在布局文件中，放置 2 个 ImageView 控件用于显示左右两个章图片；4 个 TextView 控件分别用于显示左右两边的图片上的章节概要和每个章节的名称，具体代码如【文件 7-6】所示。

【文件 7-6】course_list_item.xml

```
1   <?xml version="1.0" encoding="utf-8"?>
2   <LinearLayout xmlns:android="http://schemas.android.com/apk/res/android"
3       android:layout_width="match_parent"
4       android:layout_height="match_parent"
5       android:background="@android:color/white"
6       android:orientation="horizontal">
7       <LinearLayout
8           android:layout_width="0dp"
9           android:layout_height="140dp"
10          android:layout_weight="1"
11          android:orientation="vertical">
12          <RelativeLayout
13              android:layout_width="fill_parent"
14              android:layout_height="115dp">
15              <ImageView
16                  android:id="@+id/iv_left_img"
```

```
17                  android:layout_width="fill_parent"
18                  android:layout_height="115dp"
19                  android:paddingBottom="4dp"
20                  android:paddingLeft="8dp"
21                  android:paddingRight="4dp"
22                  android:paddingTop="8dp"
23                  android:src="@drawable/chapter_1_icon" />
24              <TextView
25                  android:id="@+id/tv_left_img_title"
26                  android:layout_width="fill_parent"
27                  android:layout_height="wrap_content"
28                  android:layout_alignParentBottom="true"
29                  android:layout_marginBottom="4dp"
30                  android:layout_marginLeft="10dp"
31                  android:layout_marginRight="6dp"
32                  android:background="#30000000"
33                  android:paddingBottom="2dp"
34                  android:paddingLeft="5dp"
35                  android:paddingRight="5dp"
36                  android:paddingTop="2dp"
37                  android:text="Android 基础入门"
38                  android:textColor="@android:color/white"
39                  android:textSize="12sp" />
40          </RelativeLayout>
41          <TextView
42              android:id="@+id/tv_left_title"
43              android:layout_width="wrap_content"
44              android:layout_height="wrap_content"
45              android:layout_gravity="center_horizontal"
46              android:singleLine="true"
47              android:text="Android 基础视频第一章"
48              android:textColor="@android:color/black"
49              android:textSize="14sp" />
50      </LinearLayout>
51      <LinearLayout
52          android:layout_width="0dp"
53          android:layout_height="140dp"
54          android:layout_weight="1"
55          android:orientation="vertical">
56          <RelativeLayout
57              android:layout_width="fill_parent"
58              android:layout_height="115dp">
59              <ImageView
```

```
60                  android:id="@+id/iv_right_img"
61                  android:layout_width="fill_parent"
62                  android:layout_height="115dp"
63                  android:paddingBottom="4dp"
64                  android:paddingLeft="4dp"
65                  android:paddingRight="8dp"
66                  android:paddingTop="8dp"
67                  android:src="@drawable/chapter_1_icon" />
68              <TextView
69                  android:id="@+id/tv_right_img_title"
70                  android:layout_width="fill_parent"
71                  android:layout_height="wrap_content"
72                  android:layout_alignParentBottom="true"
73                  android:layout_marginBottom="4dp"
74                  android:layout_marginLeft="6dp"
75                  android:layout_marginRight="10dp"
76                  android:background="#30000000"
77                  android:paddingBottom="2dp"
78                  android:paddingLeft="5dp"
79                  android:paddingRight="5dp"
80                  android:paddingTop="2dp"
81                  android:text="Android UI 开发 "
82                  android:textColor="@android:color/white"
83                  android:textSize="12sp" />
84          </RelativeLayout>
85          <TextView
86              android:id="@+id/tv_right_title"
87              android:layout_width="wrap_content"
88              android:layout_height="wrap_content"
89              android:layout_gravity="center_horizontal"
90              android:singleLine="true"
91              android:text="Android 基础视频第二章 "
92              android:textColor="@android:color/black"
93              android:textSize="14sp" />
94      </LinearLayout>
95  </LinearLayout>
```

【任务 7-4】创建 CourseBean

【任务分析】

由于每章课程都会包含章节 Id、课程图片上的标题、章节标题、章节视频简介等属性，同时在课程界面还需要一个广告栏图片属性，因此需要创建一个 CourseBean 类来存放这些属性。

【任务实施】

在 com.boxuegu.bean 包中创建一个 CourseBean 类。在该类中创建课程所有属性，具体代码如【文件 7-7】所示。

【文件 7-7】CourseBean.java

```
1  package com.boxuegu.bean;
2  public class CourseBean {
3      public int id;                  // 每章 Id
4      public String imgTitle;         // 图片上的标题
5      public String title;            // 章标题
6      public String intro;            // 章视频简介
7      public String icon;             // 广告栏上的图片
8  }
```

【任务 7-5】创建 AdBannerFragment

【任务分析】

由于课程界面的广告栏用到了 ViewPager 控件，因此创建一个 AdBannerFragment 类来设置 ViewPager 控件中的数据。

【任务实施】

（1）创建 AdBannerFragment 类

选中 com.boxuegu 包，在该包下创建 fragment 包。在 fragment 包中创建一个 AdBannerFragment 类并继承 android.support.v4.app.Fragment 类（在 Android Studio 中自带了一种创建 Fragment 的方法，在 Fragment 创建后会默认重写多个无用的方法，因此为了方便起见，直接通过继承类的方式来创建一个 Fragment，重写所需方法）。

（2）创建 AdBannerFragment 对应的视图

由于要创建 AdBannerFragment 对应的视图，因此需要重写 onCreateView() 方法，然后在该方法中创建滑动广告栏的视图，具体代码如【文件 7-8】所示。

【文件 7-8】AdBannerFragment.java

```
1  package com.boxuegu.fragment;
2  import android.os.Bundle;
3  import android.support.v4.app.Fragment;
4  import android.view.LayoutInflater;
5  import android.view.View;
6  import android.view.ViewGroup;
7  import android.widget.ImageView;
8  import com.boxuegu.R;
9  public class AdBannerFragment extends Fragment {
```

```
10    private String ab;          //广告
11    private ImageView iv;       //图片
12    public static AdBannerFragment newInstance(Bundle args) {
13            AdBannerFragment af=new AdBannerFragment();
14            af.setArguments(args);
15            return af;
16    }
17    @Override
18    public void onCreate(Bundle savedInstanceState) {
19            super.onCreate(savedInstanceState);
20            Bundle arg=getArguments();
21            //获取广告图片名称
22            ab = arg.getString("ad");
23    }
24    @Override
25    public void onActivityCreated(Bundle savedInstanceState) {
26            super.onActivityCreated(savedInstanceState);
27    }
28    @Override
29    public void onResume() {
30            super.onResume();
31            if(ab!=null) {
32                    if("banner_1".equals(ab)) {
33                            iv.setImageResource(R.drawable.banner_1);
34                    } else if("banner_2".equals(ab)) {
35                            iv.setImageResource(R.drawable.banner_2);
36                    } else if("banner_3".equals(ab)) {
37                            iv.setImageResource(R.drawable.banner_3);
38                    }
39            }
40    }
41    @Override
42    public void onDestroy() {
43            super.onDestroy();
44            if(iv!=null) {
45                    iv.setImageDrawable(null);
46            }
47    }
48    @Override
49    public View onCreateView(LayoutInflater inflater, ViewGroup container,
      Bundle savedInstanceState) {
50            //创建广告图片控件
```

```
51            iv=new ImageView(getActivity());
52            ViewGroup.LayoutParams lp=new ViewGroup.LayoutParams
              (ViewGroup. LayoutParams.FILL_PARENT,
              ViewGroup.LayoutParams.FILL_PARENT);
53            iv.setLayoutParams(lp);
54            iv.setScaleType(ImageView.ScaleType.FIT_XY);
55            return iv;
56       }
57  }
```

【任务 7-6】创建 AdBannerAdapter

【任务分析】

由于广告栏用到了 ViewPager 控件，因此需要创建一个数据适配器 AdBannerAdapter 对 ViewPager 控件进行数据适配。

【任务实施】

（1）创建 AdBannerAdapter 类

在 com.boxuegu.adapter 包中创建一个 AdBannerAdapter 类继承 FragmentStatePagerAdapter 类并实现 OnTouchListener 接口。

（2）创建设置数据方法 setDatas()

在 AdBannerAdapter 类中创建 setDatas() 方法，通过接收 List 集合来设置界面数据，具体代码如【文件 7-9】所示。

【文件 7-9】AdBannerAdapter.java

```
1   package com.boxuegu.adapter;
2   import android.os.Bundle;
3   import android.os.Handler;
4   import android.support.v4.app.Fragment;
5   import android.support.v4.app.FragmentManager;
6   import android.support.v4.app.FragmentStatePagerAdapter;
7   import android.view.MotionEvent;
8   import android.view.View;
9   import android.view.View.OnTouchListener;
10  import java.util.ArrayList;
11  import java.util.List;
12  import com.boxuegu.bean.CourseBean;
13  import com.boxuegu.fragment.AdBannerFragment;
14  import com.boxuegu.view.CourseView;
15  public class AdBannerAdapter extends FragmentStatePagerAdapter implements
16  OnTouchListener {
```

```
17   private Handler mHandler;
18   private List<CourseBean> cadl;
19   public AdBannerAdapter(FragmentManager fm) {
20          super(fm);
21          cadl=new ArrayList<CourseBean>();
22   }
23   public AdBannerAdapter(FragmentManager fm, Handler handler) {
24          super(fm);
25          mHandler=handler;
26          cadl=new ArrayList<CourseBean>();
27   }
28   /**
29    *  设置数据更新界面
30    */
31   public void setDatas(List<CourseBean> cadl) {
32          this.cadl=cadl;
33          notifyDataSetChanged();
34   }
35   @Override
36   public Fragment getItem(int index) {
37          Bundle args=new Bundle();
38          if(cadl.size()>0){
39                 args.putString("ad", cadl.get(index % cadl.size()).icon);
40           }
41          return AdBannerFragment.newInstance(args);
42   }
43   @Override
44   public int getCount() {
45          return Integer.MAX_VALUE;
46   }
47   /**
48    * 返回数据集的真实容量大小
49    */
50   public int getSize() {
51          return cadl==null ? 0 : cadl.size();
52   }
53   @Override
54   public int getItemPosition(Object object) {
55          //防止刷新结果显示列表时出现缓存数据，重载这个函数，使之默认返回 POSITION_NONE
56          return POSITION_NONE;
57   }
58   @Override
59   public boolean onTouch(View v, MotionEvent event) {
```

```
60            mHandler.removeMessages(CourseView.MSG_AD_SLID);
61            return false;
62    }
63 }
```

【任务 7-7】课程界面 Adapter

【任务分析】

课程界面的课程列表是用 ListView 控件展示的，因此需要创建一个数据适配器 CourseAdapter 对 ListView 控件进行数据适配。由于每个 Item 分为左右两部分，因此需要在 CourseAdapter 中判断数据是加载到哪个部分的。

【任务实施】

在 com.boxuegu.adapter 包中，创建一个 CourseAdapter 类继承 BaseAdapter 类，并重写 getCount()、getItem()、getItemId()、getView() 方法。在 getView() 方法中设置 XML 布局、数据以及界面跳转的方法，同时为了减少缓存需要复用 convertView 对象，具体代码如【文件 7-10】所示。

【文件 7-10】CourseAdapter.java

```
1   package com.boxuegu.adapter;
2   import android.content.Context;
3   import android.view.LayoutInflater;
4   import android.view.View;
5   import android.view.ViewGroup;
6   import android.widget.BaseAdapter;
7   import android.widget.ImageView;
8   import android.widget.TextView;
9   import java.util.List;
10  import com.boxuegu.bean.CourseBean;
11  import com.boxuegu.R;
12  public class CourseAdapter extends BaseAdapter {
13    private Context mContext;
14    private List<List<CourseBean>> cbl;
15    public CourseAdapter(Context context) {
16            this.mContext = context;
17    }
18    /**
19     * 设置数据更新界面
20     */
21    public void setData(List<List<CourseBean>> cbl) {
22            this.cbl=cbl;
23            notifyDataSetChanged();
24    }
```

```
25    /**
26     * 获取 Item 的总数
27     */
28    @Override
29    public int getCount() {
30          return cbl==null ? 0 : cbl.size();
31    }
32    /**
33     * 根据 position 得到对应 Item 的对象
34     */
35    @Override
36    public List<CourseBean> getItem(int position) {
37          return cbl==null ? null : cbl.get(position);
38    }
39    /**
40     * 根据 position 得到对应 Item 的 id
41     */
42    @Override
43    public long getItemId(int position) {
44          return position;
45    }
46    /**
47     * 得到相应 position 对应的 Item 视图，
48     * position 是当前 Item 的位置，convertView 参数就是滑出屏幕的 Item 的 View
49     */
50    @Override
51    public View getView(int position, View convertView, ViewGroup parent) {
52          final ViewHolder vh;
53          if(convertView==null) {
54                vh=new ViewHolder();
55                convertView=LayoutInflater.from(mContext).inflate(
                  R.layout.course_list_item, null);
56                vh.iv_left_img=(ImageView) convertView
                  .findViewById(R.id.iv_left_img);
57                vh.iv_right_img=(ImageView) convertView
                  .findViewById(R.id.iv_right_img);
58                vh.tv_left_img_title=(TextView) convertView
                  .findViewById(R.id.tv_left_img_title);
59                vh.tv_left_title=(TextView) convertView
                  .findViewById(R.id.tv_left_title);
60                vh.tv_right_img_title=(TextView) convertView
                  .findViewById(R.id.tv_right_img_title);
```

```
61              vh.tv_right_title=(TextView) convertView
                .findViewById(R.id.tv_right_title);
62              convertView.setTag(vh);
63          } else {
64              //复用 convertView
65              vh=(ViewHolder) convertView.getTag();
66          }
67          final List<CourseBean> list=getItem(position);
68          if(list!=null) {
69              for(int i=0; i<list.size(); i++) {
70                  final CourseBean bean=list.get(i);
71                  switch(i) {
72                      case 0:// 设置左边图片与标题信息
73                          vh.tv_left_img_title.setText
                            (bean.imgTitle);
74                          vh.tv_left_title.setText(bean.title);
75                          setLeftImg(bean.id, vh.iv_left_img);
76                          vh.iv_left_img.setOnClickListener
                            (new View.OnClickListener() {
77                              @Override
78                              public void onClick
                                (View v) {
79                                  // 跳转到课程详情界面
80                              }
81                          });
82                          break;
83                      case 1:// 设置右边图片与标题信息
84                          vh.tv_right_img_title.setText
                            (bean.imgTitle);
85                          vh.tv_right_title.setText
                            (bean.title);
86                          setRightImg(bean.id, vh.iv_right_img);
87                          vh.iv_right_img.setOnClickListener
                            (new View.OnClickListener() {
88                              @Override
89                              public void onClick(View v) {
90                                  // 跳转到课程详情界面
91                              }
92                          });
93                          break;
94                      default:
```

```
95                                  break;
96                          }
97                  }
98          }
99          return convertView;
100 }
101 /**
102  * 设置左边图片
103  */
104 private void setLeftImg(int id, ImageView iv_left_img) {
105         switch(id) {
106                 case 1:
107                         iv_left_img.setImageResource(R.drawable.
                        chapter_1_icon);
108                         break;
109                 case 3:
110                         iv_left_img.setImageResource(R.drawable.
                        chapter_3_icon);
111                         break;
112                 case 5:
113                         iv_left_img.setImageResource(R.drawable.
                        chapter_5_icon);
114                         break;
115                 case 7:
116                         iv_left_img.setImageResource(R.drawable.
                        chapter_7_icon);
117                         break;
118                 case 9:
119                         iv_left_img.setImageResource(R.drawable.
                        chapter_9_icon);
120                         break;
121         }
122 }
123 /**
124  * 设置右边图片
125  */
126 private void setRightImg(int id, ImageView iv_right_img) {
127         switch(id) {
128                 case 2:
129                         iv_right_img.setImageResource(R.drawable.
                        chapter_2_icon);
130                         break;
```

```
131                 case 4:
132                     iv_right_img.setImageResource(R.drawable.
                        chapter_4_icon);
133                     break;
134                 case 6:
135                     iv_right_img.setImageResource(R.drawable.
                        chapter_6_icon);
136                     break;
137                 case 8:
138                     iv_right_img.setImageResource(R.drawable.
                        chapter_8_icon);
139                     break;
140                 case 10:
141                     iv_right_img.setImageResource(R.drawable.
                        chapter_10_icon);
142                     break;
143             }
144     }
145     class ViewHolder {
146             public TextView tv_left_img_title, tv_left_title, tv_
147             right_img_title,tv_right_title;
148             public ImageView iv_left_img, iv_right_img;
149     }
150 }
```

◎第 69 ~ 97 行代码用于判断需要加载的数据是 Item 左半部分还是右半部分。

◎第 104 ~ 122 行代码用于设置左半部分章节图片，根据参数 Id 设置对应的章节图片。

【任务 7-8】课程界面数据的存放

【任务分析】

在 assets 文件夹中创建一个 XML 文件，用于存放课程界面的数据。该 XML 文件中包含有章节 Id、章节标题、章节图片上的概述，以及章节简介。

【任务实施】

（1）创建 XML 文件

选中 assets 文件夹，右击创建 File 文件，命名为 chaptertitle.xml，具体代码如【文件 7-11】所示。

【文件 7-11】chaptertitle.xml

```
1  <?xml version="1.0" encoding="UTF-8"?>
2  <infos>
3    <course id="1">
4        <imgtitle>Android 开发环境搭建 </imgtitle>
5        <title>第 1 章 Android 基础入门 </title>
6        <intro>      Android 是 Google 公司基于 Linux 平台开发的手机及平板
         电脑的操作系统。自问世以来，受到了前所未有的关注，并成为移动平台最受欢迎的操
         作系统之一。本章将针对 Android 的基础知识进行详细的讲解。
7        </intro>
8    </course>
9    <course id="2">
10       <imgtitle>Android 五大布局 </imgtitle>
11       <title>第 2 章 Android UI 开发 </title>
12       <intro>      Android 程序开发最重要的一个环节就是界面处理，界面的美
         观度直接影响用户的第一印象，因此，开发一个整齐、美观的界面是至关重要的，
         本章将针对 Android 中的 UI 开发进行详细的讲解。
13       </intro>
14   </course>
15   <course id="3">
16       <imgtitle>Activity 的使用 </imgtitle>
17       <title>第 3 章 Activity</title>
18       <intro>      在现实生活中，经常会使用手机进行打电话、发短信、玩游戏等，
         这就需要与手机界面进行交互。在 Android 系统中，用户与程序的交互是通过
         Activity 完成的。同时 Activity 是 Android 四大组件中最常用的一个，
         本章将针对 Activity 的相关知识进行详细的讲解。
19       </intro>
20   </course>
21   ......
22 </infos>
```

由于文章篇幅的限制，在上述代码中只展示了前三章节的具体内容，读者在项目制作过程中应将文件内容补充完整。

【任务 7-9】课程界面逻辑代码

【任务分析】

在课程界面需要编写广告栏逻辑和章节视频列表逻辑，由于广告栏每隔一段时间会自动切换到下一张图片，因此可以创建一个线程进行实现。章节视频列表数据是从 assets 文件夹中的 chaptertitle.xml 文件解析加载的。

【任务实施】

（1）创建 CourseView 类

在 com.boxuegu.view 包中创建一个 CourseView 类。在该类中，创建界面控件的初始化方法 initView()，在该方法中获取页面布局中需要用到的 UI 控件并初始化。

（2）本地数据的获取

在 CourseView 中分别创建 initAdData()、getCourseData() 方法，用于设置和获取本地数据。

（3）广告栏自动滑动时间间隔

接下来创建一个 AdAutoSlidThread 线程来设置时间间隔，具体代码如【文件 7-12】所示。

【文件 7-12】CourseView.java

```
1  package com.boxuegu.view;
2  import java.io.InputStream;
3  import java.util.ArrayList;
4  import java.util.List;
5  import android.app.Activity;
6  import android.os.Handler;
7  import android.os.Message;
8  import android.support.v4.app.FragmentActivity;
9  import android.support.v4.view.ViewPager;
10 import android.util.DisplayMetrics;
11 import android.view.Display;
12 import android.view.LayoutInflater;
13 import android.view.View;
14 import android.view.ViewGroup;
15 import android.widget.ListView;
16 import com.boxuegu.R;
17 import com.boxuegu.adapter.AdBannerAdapter;
18 import com.boxuegu.adapter.CourseAdapter;
19 import com.boxuegu.bean.CourseBean;
20 import com.boxuegu.utils.AnalysisUtils;
21 public class CourseView {
22     private ListView lv_list;
23     private CourseAdapter adapter;
24     private List<List<CourseBean>> cbl;
25     private FragmentActivity mContext;
26     private LayoutInflater mInflater;
27     private View mCurrentView;
28     private ViewPager adPager;                   // 广告
```

```
29      private View adBannerLay;                              // 广告条容器
30      private AdBannerAdapter ada;                           // 适配器
31      public static final int MSG_AD_SLID = 002;             // 广告自动滑动
32      private ViewPagerIndicator vpi;                        // 小圆点
33      private MHandler mHandler;                             // 事件捕获
34      private List<CourseBean> cadl;
35      public CourseView(FragmentActivity context) {
36          mContext=context;
37          // 为之后将 Layout 转化为 view 时用
38          mInflater=LayoutInflater.from(mContext);
39      }
40      private void createView() {
41          mHandler=new MHandler();
42          initAdData();
43          getCourseData();
44          initView();
45          new AdAutoSlidThread().start();
46      }
47      /**
48       * 事件捕获
49       */
50      class MHandler extends Handler {
51          @Override
52          public void dispatchMessage(Message msg) {
53              super.dispatchMessage(msg);
54              switch(msg.what) {
55                  case MSG_AD_SLID:
56                      if(ada.getCount()>0) {
57                          adPager.setCurrentItem(
                                adPager.getCurrentItem()+1);
58                      }
59                      break;
60              }
61          }
62      }
63      /**
64       * 广告自动滑动
65       */
66      class AdAutoSlidThread extends Thread {
67          @Override
68          public void run() {
69              super.run();
```

```
70              while(true) {
71                  try {
72                      sleep(5000);
73                  } catch(InterruptedException e) {
74                      e.printStackTrace();
75                  }
76                  if(mHandler!=null){
77                      mHandler.sendEmptyMessage(MSG_AD_SLID);
78                  }
79              }
80          }
81      }
82      /**
83       * 初始化控件
84       */
85      private void initView() {
86          mCurrentView = mInflater.inflate(R.layout.main_view_course, null);
87          lv_list=(ListView) mCurrentView.findViewById(R.id.lv_list);
88          adapter=new CourseAdapter(mContext);
89          adapter.setData(cbl);
90          lv_list.setAdapter(adapter);
91          adPager=(ViewPager) mCurrentView.findViewById(R.id.vp_
            advertBanner);
92          adPager.setLongClickable(false);
93          ada=new AdBannerAdapter(mContext.getSupportFragmentManager(),
            mHandler);
94          adPager.setAdapter(ada);      // 给ViewPager设置适配器
95          adPager.setOnTouchListener(ada);
96          vpi=(ViewPagerIndicator) mCurrentView
            .findViewById(R.id.vpi_advert_indicator);
97          vpi.setCount(ada.getSize()); // 设置小圆点的个数
98          adBannerLay=mCurrentView.findViewById(R.id.rl_adBanner);
99          adPager.addOnPageChangeListener(
            new ViewPager.OnPageChangeListener() {
100             @Override
101             public void onPageScrolled(int position, float
102             positionOffset, int positionOffsetPixels) {
103             }
104             @Override
105             public void onPageSelected(int position) {
106                 if(ada.getSize()>0) {
107                     //由于index数据在滑动时是累加的,
108                     //因此用index % ada.getSize()来标记滑动到的当前位置
```

```
109                     vpi.setCurrentPosition(position % ada.getSize());
110                 }
111             }
112             @Override
113             public void onPageScrollStateChanged(int state) {
114             }
115         });
116         resetSize();
117         if(cadl!=null) {
118             if(cadl.size()>0) {
119                 vpi.setCount(cadl.size());
120                 vpi.setCurrentPosition(0);
121             }
122             ada.setDatas(cadl);
123         }
124     }
125     /**
126      * 计算控件大小
127      */
128     private void resetSize() {
129         int sw=getScreenWidth(mContext);
130         int adLheight=sw / 2;// 广告条高度
131         ViewGroup.LayoutParams adlp = adBannerLay.getLayoutParams();
132         adlp.width=sw;
133         adlp.height=adLheight;
134         adBannerLay.setLayoutParams(adlp);
135     }
136     /**
137      * 读取屏幕宽
138      */
139     public static int getScreenWidth(Activity context) {
140         DisplayMetrics metrics=new DisplayMetrics();
141         Display display=context.getWindowManager().getDefaultDisplay();
142         display.getMetrics(metrics);
143         return metrics.widthPixels;
144     }
145     /**
146      * 初始化广告中的数据
147      */
148     private void initAdData() {
149         cadl = new ArrayList<CourseBean>();
150         for(int i=0; i<3; i++) {
151             CourseBean bean=new CourseBean();
```

```
152             bean.id=(i+1);
153             switch(i) {
154                 case 0:
155                     bean.icon="banner_1";
156                     break;
157                 case 1:
158                     bean.icon="banner_2";
159                     break;
160                 case 2:
161                     bean.icon="banner_3";
162                     break;
163                 default:
164                     break;
165             }
166             cadl.add(bean);
167         }
168     }
169     /**
170      * 获取课程信息
171      */
172     private void getCourseData() {
173         try {
174             InputStream is=mContext.getResources().getAssets().
                open("chaptertitle.xml");
175             cbl=AnalysisUtils.getCourseInfos(is);
176         } catch(Exception e) {
177             e.printStackTrace();
178         }
179     }
180     /**
181      * 获取当前在导航栏上方显示对应的 View
182      */
183     public View getView() {
184         if(mCurrentView==null) {
185             createView();
186         }
187         return mCurrentView;
188     }
189     /**
190      * 显示当前导航栏上方所对应的 view 界面
191      */
192     public void showView() {
193         if(mCurrentView==null) {
```

```
194             createView();
195         }
196         mCurrentView.setVisibility(View.VISIBLE);
197     }
198 }
```

◎第 66 ~ 81 行代码用于设置广告栏自动滑动，创建一个线程，并让该线程休眠 5000 毫秒。

◎第 128 ~ 135 行代码用于设置广告栏控件大小，首先获取屏幕的宽度，之后将广告栏控件宽度设为屏幕的宽，将广告栏的高度设为屏幕宽度的一半。

◎第 172 ~ 179 行代码用于读取课程信息，通过 chaptertitle.xml 文件，获得课程的详细信息。

（4）修改工具类 AnalysisUtils

由于课程界面的视频列表数据存放在 assets 文件夹下的 chaptertitle.xml 文件中，因此需要在“我”的模块中找到【任务 4-4】中的 AnalysisUtils.java 文件，在该文件中添加一个解析 XML 的方法 getCourseInfos()，具体代码如下：

```
/**
 * 解析每章的课程视频信息
 */
public static List<List<CourseBean>> getCourseInfos(InputStream is) throws
Exception {
        XmlPullParser parser=Xml.newPullParser();
        parser.setInput(is, "utf-8");
        List<List<CourseBean>> courseInfos=null;
        List<CourseBean> courseList=null;
        CourseBean courseInfo=null;
        int count=0;
        int type=parser.getEventType();
        while(type!=XmlPullParser.END_DOCUMENT) {
            switch(type) {
            case XmlPullParser.START_TAG:
                if("infos".equals(parser.getName())){
                    courseInfos=new ArrayList<List<CourseBean>>();
                    courseList=new ArrayList<CourseBean>();
                }else if("course".equals(parser.getName())){
                    courseInfo=new CourseBean();
                    String ids=parser.getAttributeValue(0);
                    courseInfo.id=Integer.parseInt(ids);
                }else if("imgtitle".equals(parser.getName())){
                    String imgtitle=parser.nextText();
                    courseInfo.imgTitle=imgtitle;
```

```
                }else if("title".equals(parser.getName())){
                    String title=parser.nextText();
                    courseInfo.title=title;
                }else if("intro".equals(parser.getName())){
                    String intro=parser.nextText();
                    courseInfo.intro=intro;
                }
                break;
            case XmlPullParser.END_TAG:
                if("course".equals(parser.getName())){
                    count++;
                    courseList.add(courseInfo);
                    if(count%2==0){
                        // 课程界面每两个数据是一组放在 List 集合中
                        courseInfos.add(courseList);
                        courseList=null;
                        courseList=new ArrayList<CourseBean>();
                    }
                    courseInfo=null;
                }
                break;
            }
            type=parser.next();
        }
        return courseInfos;
    }
```

（5）修改底部导航栏

由于课程界面是通过底部导航栏跳转的，因此需要在“我”的模块中找到【任务 4-2】中的 MainActivity.java 文件，在该文件的 private ExercisesView mExercisesView; 语句下方添加如下代码：

```
private CourseView mCourseView;
```

在 createView() 方法中，当 case 为 0 时，在注释“// 课程界面”的下方添加如下代码：

```
if(mCourseView==null) {
    mCourseView=new CourseView(this);
    mBodyLayout.addView(mCourseView.getView());
} else {
    mCourseView.getView();
}
mCourseView.showView();
```

7.2 课程详情

综述

课程详情界面用于展示每章节课程简介和视频列表，其中视频列表的数据是从 assets 文件夹中的 data.json 文件中获取的。当用户是登录状态时，此界面所播放过的视频信息会保存到本地数据库中，同时出现在用户的播放记录中，本任务以播放本地视频为例（注意此视频首先要保存到手机 SD 卡中）。

【知识点】

◎ VideoView 控件；

◎ JSON 数据解析；

◎数据库 SQLite 的使用。

【技能点】

◎掌握课程详情界面的设计和逻辑构思；

◎掌握如何解析 JSON 数据；

◎通过 SQLite 数据库实现视频信息的保存功能。

【任务 7-10】课程详情界面

【任务分析】

在博学谷项目中，点击课程界面列表中的条目，会跳转到课程详情界面。课程详情界面是显示每章节的课程简介和视频列表。课程简介部分展示该章节的简介，视频列表部分展示该章节所包含的课程视频。当用户点击视频列表中的某个条目时，会播放相应的视频，界面效果如图 7-4 所示。

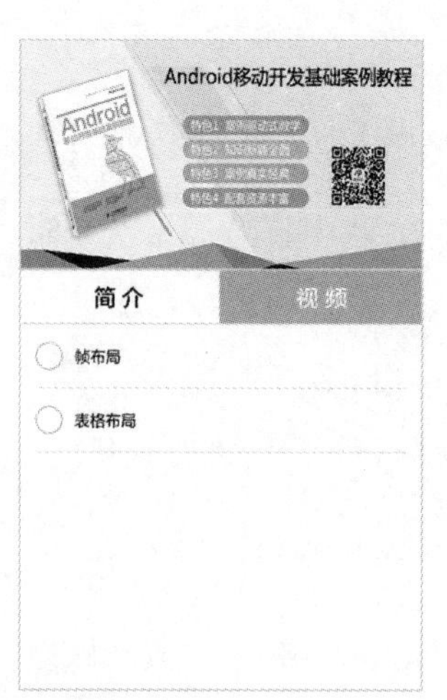

图 7-4　课程详情界面

【任务实施】

（1）创建课程详情界面

在 com.boxuegu.activity 包中创建一个 Activity 类，名为 VideoListActivity 并将布局文件名指定为 activity_video_list。

（2）导入界面图片

将课程详情界面所需图片 default_video_list_icon.png、video_list_intro_icon.png 导入到 drawable 文件夹中。

（3）放置界面控件

在布局文件中，放置 1 个 TextView 控件用于显示每章节的大图；2 个 TextView 控件用于显示简介和视频文字；1 个 ListView 控件用于显示视频列表，具体代码如【文件 7-13】所示。

【文件 7-13】activity_video_list.xml

```
1  <?xml version="1.0" encoding="utf-8"?>
2  <LinearLayout xmlns:android="http://schemas.android.com/apk/res/android"
3      android:layout_width="match_parent"
4      android:layout_height="match_parent"
5      android:background="@android:color/white"
6      android:orientation="vertical" >
7      <TextView
8          android:layout_width="fill_parent"
9          android:layout_height="200dp"
10         android:background="@drawable/default_video_list_icon" />
11     <LinearLayout
12         android:layout_width="fill_parent"
13         android:layout_height="50dp"
14         android:gravity="center"
15         android:orientation="horizontal" >
16         <RelativeLayout
17             android:layout_width="0dp"
18             android:layout_height="fill_parent"
19             android:layout_weight="1"
20             android:background="@drawable/video_list_intro_icon" >
21             <TextView
22                 android:id="@+id/tv_intro"
23                 android:layout_width="fill_parent"
24                 android:layout_height="46dp"
25                 android:layout_centerVertical="true"
26                 android:background="#30B4FF"
27                 android:gravity="center"
```

```
28                 android:text=" 简 介 "
29                 android:textColor="#FFFFFF"
30                 android:textSize="20sp" />
31         </RelativeLayout>
32         <View
33             android:layout_width="1dp"
34             android:layout_height="48dp"
35             android:background="#C3C3C3" />
36         <RelativeLayout
37             android:layout_width="0dp"
38             android:layout_height="fill_parent"
39             android:layout_weight="1"
40             android:background="@drawable/video_list_intro_icon" >
41             <TextView
42                 android:id="@+id/tv_video"
43                 android:layout_width="fill_parent"
44                 android:layout_height="46dp"
45                 android:layout_centerVertical="true"
46                 android:background="#FFFFFF"
47                 android:gravity="center"
48                 android:text=" 视 频 "
49                 android:textColor="#000000"
50                 android:textSize="20sp" />
51         </RelativeLayout>
52     </LinearLayout>
53     <RelativeLayout
54         android:layout_width="fill_parent"
55         android:layout_height="fill_parent" >
56         <ListView
57             android:id="@+id/lv_video_list"
58             android:layout_width="fill_parent"
59             android:layout_height="fill_parent"
60             android:layout_marginLeft="15dp"
61             android:layout_marginRight="15dp"
62             android:divider="#E4E4E4"
63             android:dividerHeight="1dp"
64             android:scrollbars="none"
65             android:visibility="gone" />
66         <ScrollView
67             android:id="@+id/sv_chapter_intro"
68             android:layout_width="fill_parent"
69             android:layout_height="fill_parent">
70         <LinearLayout
```

```
71                android:layout_width="fill_parent"
72                android:layout_height="fill_parent"
73                android:orientation="horizontal" >
74            <TextView
75                android:id="@+id/tv_chapter_intro"
76                android:layout_width="fill_parent"
77                android:layout_height="fill_parent"
78                android:lineSpacingMultiplier="1.5"
79                android:padding="10dp"
80                android:text=" 安卓简介 "
81                android:textColor="@android:color/black"
82                android:textSize="14sp" />
83            </LinearLayout>
84            </ScrollView>
85        </RelativeLayout>
86    </LinearLayout>
```

【任务 7-11】课程详情界面 Item

【任务分析】

由于课程详情界面用到了 ListView 控件，因此需要为该控件创建一个 Item 界面，界面效果如图 7-5 所示。

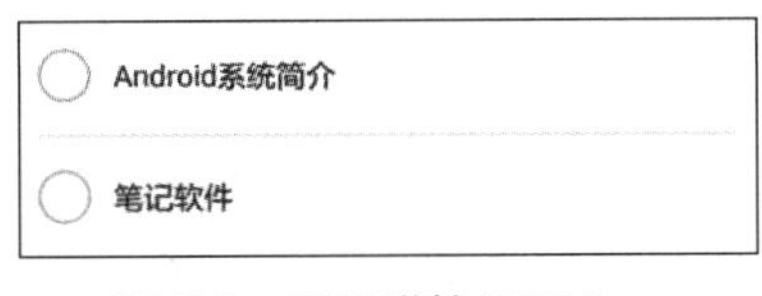

图 7-5 课程详情界面 Item

【任务实施】

（1）创建课程详情界面 Item

在 res/layout 文件夹中，创建一个布局文件 video_list_item.xml。将视频列表 Item 界面所需图片 course_bar _icon.png 导入到 drawable 文件夹中。

（2）放置界面控件

在布局文件中，放置 1 个 ImageView 控件用于显示图标；1 个 TextView 控件用于显示视频名称，具体代码如【文件 7-14】所示。

【文件 7-14】video_list_item.xml

```
1  <?xml version="1.0" encoding="utf-8"?>
2  <LinearLayout xmlns:android="http://schemas.android.com/apk/res/android"
3      android:layout_width="match_parent"
4      android:layout_height="wrap_content"
5      android:background="@android:color/white"
6      android:gravity="center_vertical"
7      android:orientation="horizontal"
8      android:paddingBottom="15dp"
9      android:paddingTop="15dp" >
10     <ImageView
```

```
11          android:id="@+id/iv_left_icon"
12          android:layout_width="25dp"
13          android:layout_height="25dp"
14          android:src="@drawable/course_bar_icon" />
15      <TextView
16          android:id="@+id/tv_video_title"
17          android:layout_width="wrap_content"
18          android:layout_height="fill_parent"
19          android:layout_marginLeft="10dp"
20          android:gravity="center_vertical"
21          android:text="[ 第一节 ]Android 简介 "
22          android:textColor="#333333"
23          android:textSize="14sp" />
24  </LinearLayout>
```

【任务 7-12】创建 VideoBean

【任务分析】

由于每个章节的视频详细信息都会有章节 Id、视频 Id、章节标题、视频标题、视频播放地址等属性，因此需要创建一个 VideoBean 类来存放这些属性。

【任务实施】

在 com.boxuegu.bean 包中创建一个 VideoBean 类。在该类中创建视频所有属性，具体代码如【文件 7-15】所示。

【文件 7-15】VideoBean.java

```
1  package com.boxuegu.bean;
2  public class VideoBean {
3      public int chapterId;          // 章节 Id
4      public int videoId;            // 视频 Id
5      public String title;           // 章节标题
6      public String secondTitle;     // 视频标题
7      public String videoPath;       // 视频播放地址
8  }
```

【任务 7-13】课程详情界面 Adapter

【任务分析】

由于课程详情界面的视频列表用的是 ListView 控件，因此需要创建一个数据适配器 VideoListAdapter 对 ListView 进行数据适配。在数据适配器中需要为 Item 添加点击事件的监听，当点击 Item 时需要跳转到视频播放界面播放相应的视频。

【任务实施】

在 com.boxuegu.adapter 包中，创建一个 VideoListAdapter 类继承 BaseAdapter 类，并重写 getCount()、getItem()、getItemId()、getView() 方法。在 getView() 方法中设置 XML 布局、数据以及界面跳转方法，同时为了减少缓存需要复用 convertView 对象，具体代码如【文件 7-16】所示。

【文件 7-16】VideoListAdapter.java

```
1  package com.boxuegu.adapter;
2  import android.content.Context;
3  import android.graphics.Color;
4  import android.view.LayoutInflater;
5  import android.view.View;
6  import android.view.ViewGroup;
7  import android.widget.BaseAdapter;
8  import android.widget.ImageView;
9  import android.widget.TextView;
10 import java.util.List;
11 import com.boxuegu.bean.VideoBean;
12 import com.boxuegu.R;
13 public class VideoListAdapter extends BaseAdapter {
14   private Context mContext;
15   private List<VideoBean> vbl;//视频列表数据
16   private int selectedPosition=-1;//点击时选中的位置
17   private OnSelectListener onSelectListener;
18   public VideoListAdapter(Context context, OnSelectListener
     onSelectListener) {
19          this.mContext=context;
20          this.onSelectListener=onSelectListener;
21   }
22   public void setSelectedPosition(int position) {
23          selectedPosition=position;
24   }
25   /**
26    * 设置数据更新界面
27    */
28   public void setData(List<VideoBean> vbl) {
29          this.vbl=vbl;
30          notifyDataSetChanged();
31   }
32   /**
33    * 获取Item的总数
```

```
34      */
35     @Override
36     public int getCount() {
37             return vbl==null ? 0 : vbl.size();
38     }
39     /**
40      * 根据position得到对应Item的对象
41      */
42     @Override
43     public VideoBean getItem(int position) {
44             return vbl==null ? null : vbl.get(position);
45     }
46     /**
47      * 根据position得到对应Item的id
48      */
49     @Override
50     public long getItemId(int position) {
51             return position;
52     }
53     /**
54      * 得到相应position对应的Item视图
55      * position是当前Item的位置，convertView参数就是滑出屏幕的Item的View
56      */
57     @Override
58     public View getView(final int position, View convertView, ViewGroup
       parent) {
59             final ViewHolder vh;
60             if(convertView==null) {
61                     vh=new ViewHolder();
62                     convertView=LayoutInflater.from(mContext).inflate(
                       R.layout.video_list_item, null);
63                     vh.tv_title=(TextView) convertView
                       .findViewById(R.id.tv_video_title);
64                     vh.iv_icon=(ImageView) convertView
                       .findViewById(R.id.iv_left_icon);
65                     convertView.setTag(vh);
66             } else {
67                     vh=(ViewHolder) convertView.getTag();
68             }
69             final VideoBean bean=getItem(position);
70             vh.iv_icon.setImageResource(R.drawable.course_bar_icon);
```

```
71            vh.tv_title.setTextColor(Color.parseColor("#333333"));
72            if(bean!=null) {
73                  vh.tv_title.setText(bean.secondTitle);
74                  // 设置选中效果
75                  if(selectedPosition==position) {
76                        vh.iv_icon.setImageResource(R.drawable.course_
                          intro_icon);
77                        vh.tv_title.setTextColor(Color.parseColor
                          ("#009958"));
78                  } else {
79                        vh.iv_icon.setImageResource(R.drawable.
                          course_bar_icon);
80                        vh.tv_title.setTextColor(Color.parseColor
                          ("#333333"));
81                  }
82            }
83            convertView.setOnClickListener(new View.OnClickListener() {
84                  @Override
85                  public void onClick(View v) {
86                        if(bean==null){
87                              return;
88                     }
89                        // 播放视频
90                        onSelectListener.onSelect(position, vh.iv_icon);
91                  }
92            });
93            return convertView;
94      }
95      class ViewHolder {
96            public TextView tv_title;
97            public ImageView iv_icon;
98      }
99      /**
100      * 创建接口，传递position和ImageView
101      */
102     public interface OnSelectListener {
103           void onSelect(int position, ImageView iv);
104     }
105 }
```

【任务 7–14】视频列表数据的存放

【任务分析】

视频列表部分需要展示相关的视频信息，因此需要在 assets 文件夹中创建一个 data.json 文件保存视频相关信息。data.json 文件中包含有章节 Id、视频 Id、章节名称、视频名称和视频地址。由于博学谷项目使用的是本地数据，因此需要在 data.json 文件中指定视频所在位置。

【任务实施】

选中 assets 文件夹，然后右击并选择 File 选项，创建一个 JSON 文件命名为 data.json。把视频列表的数据以 JSON 的格式存放在 data.json 文件中。由于数据量太大，因此此文件中只存放了前三章的视频数据，剩下的几章视频数据在此文件中省略，具体代码如【文件 7-17】所示。

【文件 7-17】data.json

```
[
    {
        "chapterId": 1,
        "videoId": "1",
        "title": "第 1 章 Android 基础入门",
        "secondTitle": "Android 系统简介",
        "videoPath": "/sdcard/011.mp4"
    }
    {
        "chapterId": 1,
        "videoId": "2",
        "title": "第 1 章 Android 基础入门",
        "secondTitle": "笔记软件",
        "videoPath": "/sdcard/012.mp4"
    },
    {
        "chapterId": 2,
        "videoId": "1",
        "title": "第 2 章 Android UI 开发",
        "secondTitle": "帧布局",
        "videoPath": "/sdcard/021.mp4"
    },
    {
        "chapterId": 2,
        "videoId": "2",
        "title": "第 2 章 Android UI 开发",
        "secondTitle": "表格布局",
```

```
        "videoPath": "/sdcard/022.mp4"
    },
    {
        "chapterId": 3,
        "videoId": "1",
        "title": "第3章 Activity",
        "secondTitle": "Activity的启动模式",
        "videoPath": ""
    },
    {
        "chapterId": 3,
        "videoId": "2",
        "title": "第3章 Activity",
        "secondTitle": "Activity中的数据传递",
        "videoPath": ""
    }
    ......
]
```

上述代码只展示了前三章视频的详细信息，读者在项目开发时应补全 data.json 中的全部信息。

【任务 7-15】课程详情界面逻辑代码

【任务分析】

课程详情界面主要展示课程简介和视频列表，当点击“课程简介”按钮时，展示课程简介的布局；当点击“视频列表”按钮时，展示视频列表布局。在视频列表中，视频列表数据是根据课程界面传递过来的章节 Id 获取的，当用户是登录状态并点击了视频列表时，会把点击过的视频信息保存到数据库中，然后在播放记录界面显示出来。

【任务实施】

（1）获取界面控件

在 VideoListActivity 中创建界面控件的初始化方法 init()，用于获取课程详情界面所要用到的控件。

（2）获取本地数据

由于视频列表的数据是用 JSON 字符串来存放的，因此需要创建一个 initData() 方法来解析 JSON 字符串，具体代码如【文件 7-18】所示。

【文件 7-18】VideoListActivity.java

```
1   package com.boxuegu.activity;
2   import android.content.Context;
3   import android.content.SharedPreferences;
```

```
4   import android.content.pm.ActivityInfo;
5   import android.graphics.Color;
6   import android.os.Bundle;
7   import android.support.v7.app.AppCompatActivity;
8   import android.text.TextUtils;
9   import android.view.View;
10  import android.widget.ImageView;
11  import android.widget.ListView;
12  import android.widget.ScrollView;
13  import android.widget.TextView;
14  import android.widget.Toast;
15  import com.boxuegu.R;
16  import com.boxuegu.adapter.VideoListAdapter;
17  import com.boxuegu.bean.VideoBean;
18  import com.boxuegu.utils.AnalysisUtils;
19  import com.boxuegu.utils.DBUtils;
20  import org.json.JSONArray;
21  import org.json.JSONObject;
22  import java.io.BufferedReader;
23  import java.io.IOException;
24  import java.io.InputStream;
25  import java.io.InputStreamReader;
26  import java.util.ArrayList;
27  import java.util.List;
28  public class VideoListActivity extends AppCompatActivity implements
    View.OnClickListener {
29      private TextView tv_intro, tv_video, tv_chapter_intro;
30      private ListView lv_video_list;
31      private ScrollView sv_chapter_intro;
32      private VideoListAdapter adapter;
33      private List<VideoBean> videoList;
34      private int chapterId;
35      private String intro;
36      private DBUtils db;
37      @Override
38      protected void onCreate(Bundle savedInstanceState) {
39          super.onCreate(savedInstanceState);
40          setContentView(R.layout.activity_video_list);
41          // 设置此界面为竖屏
42          setRequestedOrientation(ActivityInfo.SCREEN_ORIENTATION_PORTRAIT);
43          // 从课程界面传递过来的章节 Id
44          chapterId = getIntent().getIntExtra("id", 0);
```

```
45            // 从课程界面传递过来的章简介
46            intro = getIntent().getStringExtra("intro");
47            // 创建数据库工具类的对象
48            db = DBUtils.getInstance(VideoListActivity.this);
49            initData();
50            init();
51        }
52        /**
53         * 初始化界面 UI 控件
54         */
55        private void init() {
56            tv_intro=(TextView) findViewById(R.id.tv_intro);
57            tv_video=(TextView) findViewById(R.id.tv_video);
58            lv_video_list=(ListView) findViewById(R.id.lv_video_list);
59            tv_chapter_intro=(TextView) findViewById(R.id.tv_chapter_intro);
60            sv_chapter_intro=(ScrollView) findViewById(R.id.sv_chapter_intro);
61            adapter=new VideoListAdapter(this, new VideoListAdapter.
              OnSelectListener() {
62                @Override
63                public void onSelect(int position, ImageView iv) {
64                    adapter.setSelectedPosition(position);
65                    VideoBean bean=videoList.get(position);
66                    String videoPath=bean.videoPath;
67                    adapter.notifyDataSetChanged(); // 更新列表框
68                    if(TextUtils.isEmpty(videoPath)) {
69                        Toast.makeText(VideoListActivity.this,
                          "本地没有此视频，暂无法播放", Toast.LENGTH_SHORT).show();
70                        return;
71                    }else{
72                        // 判断用户是否登录，若登录则把此视频添加到数据库
73                        if(readLoginStatus()){
74                            String userName=AnalysisUtils.readLoginUserName
                              (VideoListActivity.this);
75                            db.saveVideoPlayList(videoList.get(position),
                             userName);
76                        }
77                        // 跳转到视频播放界面
78                    }
79                }
80            });
81            lv_video_list.setAdapter(adapter);
82            tv_intro.setOnClickListener(this);
```

```
83          tv_video.setOnClickListener(this);
84          adapter.setData(videoList);
85          tv_chapter_intro.setText(intro);
86          tv_intro.setBackgroundColor(Color.parseColor("#30B4FF"));
87          tv_video.setBackgroundColor(Color.parseColor("#FFFFFF"));
88          tv_intro.setTextColor(Color.parseColor("#FFFFFF"));
89          tv_video.setTextColor(Color.parseColor("#000000"));
90      }
91      /**
92       * 控件的点击事件
93       */
94      @Override
95      public void onClick(View v) {
96          switch(v.getId()) {
97              case R.id.tv_intro:// 简介
98                  lv_video_list.setVisibility(View.GONE);
99                  sv_chapter_intro.setVisibility(View.VISIBLE);
100                 tv_intro.setBackgroundColor(Color.parseColor("#30B4FF"));
101                 tv_video.setBackgroundColor(Color.parseColor("#FFFFFF"));
102                 tv_intro.setTextColor(Color.parseColor("#FFFFFF"));
103                 tv_video.setTextColor(Color.parseColor("#000000"));
104                 break;
105             case R.id.tv_video:// 视频
106                 lv_video_list.setVisibility(View.VISIBLE);
107                 sv_chapter_intro.setVisibility(View.GONE);
108                 tv_intro.setBackgroundColor(Color.parseColor("#FFFFFF"));
109                 tv_video.setBackgroundColor(Color.parseColor("#30B4FF"));
110                 tv_intro.setTextColor(Color.parseColor("#000000"));
111                 tv_video.setTextColor(Color.parseColor("#FFFFFF"));
112                 break;
113             default:
114                 break;
115         }
116     }
117     /**
118      * 设置视频列表本地数据
119      */
120     private void initData() {
121         JSONArray jsonArray;
122         InputStream is=null;
123         try {
124             is=getResources().getAssets().open("data.json");
125             jsonArray=new JSONArray(read(is));
```

```
126             videoList=new ArrayList<VideoBean>();
127             for(int i=0; i<jsonArray.length(); i++) {
128                 VideoBean bean=new VideoBean();
129                 JSONObject jsonObj=jsonArray.getJSONObject(i);
130                 if(jsonObj.getInt("chapterId")==chapterId) {
131                     bean.chapterId=jsonObj.getInt("chapterId");
132                     bean.videoId=Integer.parseInt(jsonObj.getString
                        ("videoId"));
133                     bean.title=jsonObj.getString("title");
134                     bean.secondTitle=jsonObj.getString("secondTitle");
135                     bean.videoPath=jsonObj.getString("videoPath");
136                     videoList.add(bean);
137                 }
138                 bean=null;
139             }
140         } catch(Exception e) {
141             e.printStackTrace();
142         }
143     }
144     /**
145      * 读取数据流，参数in是数据流
146      */
147     private String read(InputStream in) {
148         BufferedReader reader=null;
149         StringBuilder sb=null;
150         String line=null;
151         try {
152             sb=new StringBuilder();// 实例化一个StringBuilder对象
153             // 用InputStreamReader把in这个字节流转换成字符流BufferedReader
154             reader=new BufferedReader(new InputStreamReader(in));
155             while((line=reader.readLine())!=null){
156                 sb.append(line);
157                 sb.append("\n");
158             }
159         } catch(IOException e) {
160             e.printStackTrace();
161             return "";
162         } finally {
163             try {
164                 if(in!=null)
165                     in.close();
166                 if(reader!=null)
```

```
167                 reader.close();
168             } catch(IOException e) {
169                 e.printStackTrace();
170             }
171         }
172         return sb.toString();
173     }
174     /**
175      * 从 SharedPreferences 中读取登录状态
176      */
177     private boolean readLoginStatus() {
178         SharedPreferences sp=getSharedPreferences("loginInfo",
            Context.MODE_PRIVATE);
179         boolean isLogin=sp.getBoolean("isLogin", false);
180         return isLogin;
181     }
182 }
```

◎第 95 ~ 116 行代码为控件注册点击事件，当点击“简介”按钮时，展示章节简介布局，同时将视频列表布局隐藏。当点击“视频列表”按钮时，展示视频列表布局，将章节简介布局隐藏。

◎第 120 ~ 143 行代码用于加载视频列表数据，通过 data.json 文件获取视频信息，将视频信息进行展示。

（3）创建 U_VIDEO_PLAY_LIST 表

由于播放视频后会有一个视频播放记录，因此需要在数据库中创建一个视频播放的表。在“个人资料”模块【任务 5-3】中的 SQLiteHelper 类中，找到“public static final String U_USERINFO = "userinfo";”语句，在该语句下方添加如下代码：

```
public static final String U_VIDEO_PLAY_LIST="videoplaylist";//视频播放列表
```

找到 SQLiteHelper 类中的 onCreate() 方法，在该方法中添加如下代码：

```
/**
 * 创建视频播放记录表
 */
db.execSQL("CREATE TABLE  IF NOT EXISTS " + U_VIDEO_PLAY_LIST + "( "
          + "_id INTEGER PRIMARY KEY AUTOINCREMENT, "
          + "userName VARCHAR, "     //用户名
          + "chapterId INT, "        //章节 ID 号
          + "videoId INT, "          //小节 ID 号
          + "videoPath VARCHAR, "    //视频地址
          + "title VARCHAR, "        //视频章节名称
```

```
        + "secondTitle VARCHAR"    //视频名称
        + ")");
```

找到 SQLiteHelper 类中的 onUpgrade() 方法，在该方法的“onCreate(db);”语句之前添加如下代码：

```
db.execSQL("DROP TABLE IF EXISTS " + U_VIDEO_PLAY_LIST);
```

（4）创建保存视频信息到数据库方法

根据项目综述中的功能展示可知，用户播放过的视频会有一个视频记录，因此需要创建一个 saveVideoPlayList() 方法将播放过的视频信息保存到数据库中。同一用户在第二次点击同一个视频时，会判断此视频是否已经存在于数据库，若存在，则删除此视频并重新保存最新的视频信息。

在“个人资料”模块中找到【任务 5-4】中的 DBUtils.java 文件，在该文件中创建一个 saveVideoPlayList() 方法将播放过的视频信息保存到数据库中，具体代码如下：

```
/**
 * 保存视频播放记录
 */
public void saveVideoPlayList(VideoBean bean,String userName) {
    // 判断如果里面有此播放记录则需删除重新存放
    if(hasVideoPlay(bean.chapterId, bean.videoId,userName)) {
        // 删除之前存入的播放记录
        boolean isDelete=delVideoPlay(bean.chapterId, bean.videoId,userName);
        if(!isDelete){
            //没有删除成功时，则需跳出此方法不再执行下面的语句
            return;
        }
    }
    ContentValues cv=new ContentValues();
    cv.put("userName", userName);
    cv.put("chapterId", bean.chapterId);
    cv.put("videoId", bean.videoId);
    cv.put("videoPath", bean.videoPath);
    cv.put("title", bean.title);
    cv.put("secondTitle", bean.secondTitle);
    db.insert(SQLiteHelper.U_VIDEO_PLAY_LIST, null, cv);
}
/**
  * 判断视频记录是否存在
  */
```

```
public boolean hasVideoPlay(int chapterId, int videoId,String userName) {
    boolean hasVideo=false;
    String sql="SELECT * FROM " + SQLiteHelper.U_VIDEO_PLAY_LIST
    + " WHERE chapterId=? AND videoId=? AND userName=?";
    Cursor cursor=db.rawQuery(sql, new String[] { chapterId + "",
    videoId + "" ,userName});
    if(cursor.moveToFirst()) {
        hasVideo=true;
    }
    cursor.close();
    return hasVideo;
}
/**
 * 删除已经存在的视频记录
 */
public boolean delVideoPlay(int chapterId, int videoId,String userName) {
    boolean delSuccess=false;
    int row=db.delete(SQLiteHelper.U_VIDEO_PLAY_LIST,
    " chapterId=? AND videoId=? AND userName=?", new String[]
    { chapterId + "", videoId + "" ,userName});
    if(row>0) {
        delSuccess=true;
    }
    return delSuccess;
}
```

（5）修改课程界面数据适配器

由于课程详情界面是通过课程界面数据适配器跳转的，因此需要找到【任务 7-7】CourseAdapter.java 文件中的 getView() 方法，在该方法中的两个注释“// 跳转到课程详情界面”下方分别添加如下代码，并导入对应的包：

```
Intent intent = new Intent(mContext, VideoListActivity.class);
intent.putExtra("id", bean.id);
intent.putExtra("intro", bean.intro);
mContext.startActivity(intent);
```

7.3 视频播放

视频播放界面主要是将视频详情界面或者播放记录界面的视频进行全屏播放，获取视频所在的本地路径并进行加载即可完成视频播放。

【知识点】

◎ VideoView 控件。

【技能点】

◎掌握视频播放界面的设计和逻辑构思；

◎通过 VideoView 控件实现本地视频的播放。

【任务 7-16】视频播放界面

【任务分析】

由于视频播放界面只是用来播放视频的，因此只需放置 1 个 VideoView 控件全屏显示即可。

【任务实施】

（1）创建视频播放界面

在 com.boxuegu.activity 包中创建一个 Activity 类，名为 VideoPlayActivity，并将布局文件名指定为 activity_video_play。

（2）放置界面控件

在布局文件中，放置 1 个 VideoView 控件用于播放视频，具体代码如【文件 7-19】所示。

【文件 7-19】activity_video_play.xml

```
1  <?xml version="1.0" encoding="utf-8"?>
2  <RelativeLayout xmlns:android="http://schemas.android.com/apk/res/android"
3      xmlns:tools="http://schemas.android.com/tools"
4      android:layout_width="match_parent"
5      android:layout_height="match_parent" >
6      <VideoView
7          android:id="@+id/videoView"
8          android:layout_width="fill_parent"
9          android:layout_height="fill_parent" />
10 </RelativeLayout>
```

【任务 7-17】视频播放界面逻辑代码

【任务分析】

VideoPlayActivity 类用于实现视频播放逻辑，首先获取从课程详情或播放记录界面传递过来的视频地址，之后加载视频地址进行视频播放。

【任务实施】

（1）创建 raw 文件夹

在 res 目录下创建 raw 文件夹。raw 文件夹与 assets 类似，该文件夹中的文件在程序打包时会原封不动的保存到 APK 中，不会被编译成二进制。不同的是，res/raw 中的文件会被映射到 R 文件中，访问时直接使用资源 ID 即可，而 assets 文件夹下的文件不会被映射到 R 文件中，访问时需要 AssetManager 类。

然后在 res/raw 文件夹中放入要播放的视频 video11.mp4，用于测试视频播放功能。

（2）获取界面控件

在 VideoPlayActivity 中创建界面控件的初始化方法 init()，用于获取视频播放界面所要用到的控件。

（3）创建播放视频的方法

创建一个 play() 方法，在该方法中根据视频地址来播放相应的视频，具体代码如【文件 7-20】所示。

【文件 7-20】VideoPlayActivity.java

```
1  package com.boxuegu.activity;
2  import android.content.Intent;
3  import android.content.pm.ActivityInfo;
4  import android.net.Uri;
5  import android.support.v7.app.AppCompatActivity;
6  import android.os.Bundle;
7  import android.text.TextUtils;
8  import android.view.KeyEvent;
9  import android.view.WindowManager;
10 import android.widget.MediaController;
11 import android.widget.Toast;
12 import android.widget.VideoView;
13 import com.boxuegu.R;
14 public class VideoPlayActivity extends AppCompatActivity {
15     private VideoView videoView;
16     private MediaController controller;
17     private String videoPath;          // 本地视频地址
18     private int position;              // 传递视频详情界面点击的视频位置
19     @Override
```

```
20      protected void onCreate(Bundle savedInstanceState) {
21          super.onCreate(savedInstanceState);
22          //设置界面全屏显示
23          getWindow().setFlags(WindowManager.LayoutParams.FLAG_FULLSCREEN,
            WindowManager.LayoutParams.FLAG_FULLSCREEN);
24          setContentView(R.layout.activity_video_play);
25          //设置此界面为横屏
26          setRequestedOrientation(ActivityInfo.SCREEN_ORIENTATION_LANDSCAPE);
27          //获取从播放记录界面传递过来的视频地址
28          videoPath=getIntent().getStringExtra("videoPath");
29          position=getIntent().getIntExtra("position",0);
30          init();
31      }
32      /**
33       * 初始化UI控件
34       */
35      private void init() {
36          videoView=(VideoView) findViewById(R.id.videoView);
37          controller=new MediaController(this);
38          videoView.setMediaController(controller);
39          play();
40      }
41      /**
42       * 播放视频
43       */
44      private void play() {
45          if(TextUtils.isEmpty(videoPath)) {
46              Toast.makeText(this, "本地没有此视频，暂无法播放", Toast.
                LENGTH_SHORT).show();
47              return;
48          }
49          String uri="android.resource://" + getPackageName() + "/"
            + R.raw.video11;
50          videoView.setVideoPath(uri);
51          videoView.start();
52      }
53      /**
54       * 点击后退按钮
55       */
56      @Override
57      public boolean onKeyDown(int keyCode, KeyEvent event) {
58          //把视频详情界面传递过来的被点击视频的位置传递回去
59          Intent data=new Intent();
```

```
60          data.putExtra("position", position);
61          setResult(RESULT_OK, data);
62          return super.onKeyDown(keyCode, event);
63      }
64  }
```

◎第 49、50 行代码用于加载视频资源文件，本任务中将视频文件放置在项目的 assets 文件夹中。

（4）修改课程详情界面

由于视频播放界面是通过播放记录界面（目前未创建）和课程详情界面跳转的，因此需要在播放记录界面和课程详情界面添加相应的跳转逻辑。由于播放记录界面暂未创建，因此首先在课程详情界面添加相应代码，找到【任务 7-15】中 VideoListActivity.java 文件中的 init() 方法，在注释“// 跳转到视频播放界面”下方添加如下代码：

```
Intent intent=new Intent(VideoListActivity.this,VideoPlayActivity.class);
intent.putExtra("videoPath", videoPath);
intent.putExtra("position", position);
startActivityForResult(intent, 1);
```

在视频播放界面点击后退按钮时，需要通过回传数据信息来设置课程详情界面的图标，因此需要在 VideoListActivity 类中重写 onActivityResult() 方法来接收当前视频在视频列表中的位置 position，同时设置课程详情界面的图标状态，具体代码如下：

```
@Override
protected void onActivityResult(int requestCode, int resultCode, Intent data) {
    super.onActivityResult(requestCode, resultCode, data);
    if(data!=null){
        // 接收播放界面回传过来的被选中的视频的位置
        int position=data.getIntExtra("position", 0);
        adapter.setSelectedPosition(position);// 设置被选中的位置
        // 视频选项卡被选中时所有图标的颜色值
        lv_video_list.setVisibility(View.VISIBLE);
        sv_chapter_intro.setVisibility(View.GONE);
        tv_intro.setBackgroundColor(Color.parseColor("#FFFFFF"));
        tv_video.setBackgroundColor(Color.parseColor("#30B4FF"));
        tv_intro.setTextColor(Color.parseColor("#000000"));
        tv_video.setTextColor(Color.parseColor("#FFFFFF"));
    }
}
```

7.4 播放记录

综述

播放记录界面用于展示用户播放过的视频信息。由于在课程详情界面播放过的视频信息都在数据库中保存，因此在进入播放记录界面时要判断数据库中是否有视频信息，如果没有，则显示暂无播放记录。当用户点击播放记录中任意一条信息时就跳转到视频播放界面，开始播放选中的视频。

【知识点】

◎ SQLite 数据库的使用。

【技能点】

◎掌握播放记录界面的设计和逻辑构思；

◎通过 SQLite 数据库查询播放过的视频信息。

【任务 7-18】播放记录界面

【任务分析】

播放记录界面主要用于显示课程详情界面播放过的视频信息，播放记录界面效果如图 7-6 所示。

图 7-6　播放记录界面

【任务实施】

（1）创建播放记录界面

在 com.boxuegu.activity 包中，创建一个 Activity 类，名为 PlayHistoryActivity，并将布局文件名指定为 activity_play_history。在该布局文件中，通过 <include> 标签将 main_title_bar.xml（标题栏）引入。

（2）导入界面图片

将播放记录界面所需图片 video_play_icon1.png、video_play_icon2.png、video _play_icon3.png、video_play_icon4.png、video_play_icon5.png、video_play_icon6.png、video_play_icon7.png、video_play_icon8.png、video_play_icon9.png、video_play_icon10.png 导入到 drawable 文件夹中。

（3）放置界面控件

在布局文件中，放置 1 个 ListView 控件用于显示视频列表；1 个 TextView 控件用于显示此界面无数据时的文字提示，具体代码如【文件 7-21】所示。

【文件 7-21】activity_play_history.xml

```
1  <?xml version="1.0" encoding="utf-8"?>
2  <LinearLayout xmlns:android="http://schemas.android.com/apk/res/android"
3      android:layout_width="match_parent"
4      android:layout_height="match_parent"
5      android:background="@android:color/white"
6      android:orientation="vertical" >
7      <include layout="@layout/main_title_bar" />
8      <RelativeLayout
9          android:layout_width="fill_parent"
10         android:layout_height="fill_parent" >
11         <ListView
12             android:id="@+id/lv_list"
13             android:layout_width="fill_parent"
14             android:layout_height="fill_parent"
15             android:divider="#E4E4E4"
16             android:dividerHeight="1dp"
17             android:scrollbars="none" />
18         <TextView
19             android:id="@+id/tv_none"
20             android:layout_width="fill_parent"
21             android:layout_height="fill_parent"
22             android:gravity="center"
23             android:text=" 暂无播放记录 "
24             android:textColor="@android:color/darker_gray"
25             android:textSize="16sp"
26             android:visibility="gone" />
27     </RelativeLayout>
28 </LinearLayout>
```

【任务 7-19】播放记录界面 Item

【任务分析】

由于播放记录界面用到了 ListView 控件，因此需要为该控件创建一个 Item 界面，界面效果如图 7-7 所示。

图 7-7　播放记录界面 Item

【任务实施】

（1）创建播放记录界面 Item

在 res/layout 文件夹中，创建一个布局文件 play_history_list_item.xml。

（2）放置界面控件

在布局文件中，放置 2 个 ImageView 控件分别用于显示问答精灵图片和小三角图片；

放置2个TextView控件分别用于显示章节标题和视频标题，具体代码如【文件7-22】所示。

【文件7-22】play_history_list_item.xml

```
1   <?xml version="1.0" encoding="utf-8"?>
2   <LinearLayout xmlns:android="http://schemas.android.com/apk/res/android"
3       android:layout_width="match_parent"
4       android:layout_height="wrap_content"
5       android:orientation="horizontal"
6       android:background="@android:color/white"
7       android:gravity="center_vertical"
8       android:padding="10dp">
9       <RelativeLayout
10          android:layout_width="wrap_content"
11          android:layout_height="wrap_content">
12      <ImageView
13          android:id="@+id/iv_video_icon"
14          android:layout_width="100dp"
15          android:layout_height="75dp"
16          android:src="@drawable/video_play_icon2"/>
17      <ImageView
18          android:layout_width="30dp"
19          android:layout_height="30dp"
20          android:src="@android:drawable/ic_media_play"
21          android:layout_centerInParent="true" />
22      </RelativeLayout>
23      <LinearLayout
24          android:layout_width="fill_parent"
25          android:layout_height="wrap_content"
26          android:orientation="vertical"
27          android:layout_marginLeft="15dp"
28          android:layout_gravity="center_vertical">
29         <TextView
30             android:id="@+id/tv_adapter_title"
31             android:layout_width="wrap_content"
32             android:layout_height="fill_parent"
33             android:textSize="16sp"
34             android:textColor="#333333"
35             android:text="第1章 Android基础入门"
36             android:gravity="center_vertical" />
37         <TextView
38             android:layout_marginTop="4dp"
39             android:id="@+id/tv_video_title"
40             android:layout_width="wrap_content"
```

```
41            android:layout_height="fill_parent"
42            android:textSize="12sp"
43            android:textColor="#a3a3a3"
44            android:text="Android 系统简介"
45            android:gravity="center_vertical" />
46        </LinearLayout>
47 </LinearLayout>
```

【任务 7-20】播放记录界面 Adapter

【任务分析】

由于播放记录界面的视频列表用到了 ListView 控件，因此需要创建一个数据适配器 PlayHistoryAdapter 对 ListView 进行数据适配。

【任务实施】

在 com.boxuegu.adapter 包中，创建一个 PlayHistoryAdapter 类继承 BaseAdapter 类并重写 getCount()、getItem()、getItemId()、getView() 方法。在 getView() 方法中设置 XML 布局、数据以及界面跳转方法，同时为了减少缓存需要复用 convertView 对象，具体代码如【文件 7-23】所示。

【文件 7-23】PlayHistoryAdapter.java

```
1  package com.boxuegu.adapter;
2  import android.content.Context;
3  import android.content.Intent;
4  import android.view.LayoutInflater;
5  import android.view.View;
6  import android.view.ViewGroup;
7  import android.widget.BaseAdapter;
8  import android.widget.ImageView;
9  import android.widget.TextView;
10 import java.util.List;
11 import com.boxuegu.activity.VideoPlayActivity;
12 import com.boxuegu.bean.VideoBean;
13 import com.boxuegu.R;
14 public class PlayHistoryAdapter extends BaseAdapter {
15   private Context mContext;
16   private List<VideoBean> vbl;
17   public PlayHistoryAdapter(Context context) {
18          this.mContext = context;
19   }
20   /**
21    * 设置数据更新界面
```

```
22      */
23     public void setData(List<VideoBean> vbl) {
24             this.vbl=vbl;
25             notifyDataSetChanged();
26     }
27     /**
28      * 获取Item的总数
29      */
30     @Override
31     public int getCount() {
32             return vbl==null ? 0 : vbl.size();
33     }
34     /**
35      * 根据position得到对应Item的对象
36      */
37     @Override
38     public VideoBean getItem(int position) {
39             return vbl==null ? null : vbl.get(position);
40     }
41     /**
42      * 根据position得到对应Item的id
43      */
44     @Override
45     public long getItemId(int position) {
46             return position;
47     }
48     /**
49      * 得到相应position对应的Item视图,
50      * position是当前Item的位置, convertView参数就是滑出屏幕的Item的View
51      */
52     @Override
53     public View getView(final int position, View convertView, ViewGroup
       parent) {
54             final ViewHolder vh;
55             if(convertView==null) {
56                     vh=new ViewHolder();
57                     convertView=LayoutInflater.from(mContext).inflate(
                       R.layout.play_history_list_item, null);
58                     vh.tv_title=(TextView) convertView.findViewById
                       (R.id.tv_adapter_title);
59                     vh.tv_video_title=(TextView) convertView.findViewById
                       (R.id.tv_video_title);
60                     vh.iv_icon=(ImageView)
```

```
            convertView.findViewById(R.id.iv_video_icon);
61          convertView.setTag(vh);
62      } else {
63          vh=(ViewHolder) convertView.getTag();
64      }
65      final VideoBean bean=getItem(position);
66      if(bean!=null) {
67          vh.tv_title.setText(bean.title);
68          vh.tv_video_title.setText(bean.secondTitle);
69          switch (bean.chapterId) {
70              case 1:
71                  vh.iv_icon.setImageResource(
                    R.drawable.video_play_icon1);
72                  break;
73              case 2:
74                  vh.iv_icon.setImageResource(
                    R.drawable.video_play_icon2);
75                  break;
76              case 3:
77                  vh.iv_icon.setImageResource(
                    R.drawable.video_play_icon3);
78                  break;
79              case 4:
80                  vh.iv_icon.setImageResource(
                    R.drawable.video_play_icon4);
81                  break;
82              case 5:
83                  vh.iv_icon.setImageResource(
                    R.drawable.video_play_icon5);
84                  break;
85              case 6:
86                  vh.iv_icon.setImageResource(
                    R.drawable.video_play_icon6);
87                  break;
88              case 7:
89                  vh.iv_icon.setImageResource(
                    R.drawable.video_play_icon7);
90                  break;
91              case 8:
92                  vh.iv_icon.setImageResource(
                    R.drawable.video_play_icon8);
93                  break;
94              case 9:
```

```
95                      vh.iv_icon.setImageResource(
                        R.drawable.video_play_icon9);
96                      break;
97                  case 10:
98                      vh.iv_icon.setImageResource(
                        R.drawable.video_play_icon10);
99                      break;
100                 default:
101                     vh.iv_icon.setImageResource(
                        R.drawable.video_play_icon1);
102                     break;
103             }
104         }
105         convertView.setOnClickListener(new View.OnClickListener() {
106             @Override
107             public void onClick(View v) {
108                 if(bean==null) return;
109                 //跳转到播放视频界面
110                 Intent intent=new Intent(mContext,
                    VideoPlayActivity.class);
111                 intent.putExtra("videoPath", bean.videoPath);
112                 mContext.startActivity(intent);
113             }
114         });
115         return convertView;
116     }
117     class ViewHolder {
118         public TextView tv_title,tv_video_title;
119         public ImageView iv_icon;
120     }
121 }
```

【任务 7-21】播放记录界面逻辑代码

【任务分析】

当进入播放记录界面时需要从数据库中获取播放过的视频信息，如果没有视频信息，则提示暂无播放记录；如果有视频信息，则把数据显示在 ListView 控件上。

【任务实施】

（1）获取界面控件

在 PlayHistoryActivity 中创建界面控件的初始化方法 init()，用于获取播放记录界面所要用到的控件，具体代码如【文件 7-24】所示。

【文件 7-24】PlayHistoryActivity.java

```
1  package com.boxuegu.activity;
2  import android.content.pm.ActivityInfo;
3  import android.support.v7.app.AppCompatActivity;
4  import java.util.ArrayList;
5  import java.util.List;
6  import com.boxuegu.R;
7  import com.boxuegu.adapter.PlayHistoryAdapter;
8  import com.boxuegu.bean.VideoBean;
9  import com.boxuegu.utils.AnalysisUtils;
10 import com.boxuegu.utils.DBUtils;
11 import android.graphics.Color;
12 import android.os.Bundle;
13 import android.view.View;
14 import android.widget.ListView;
15 import android.widget.RelativeLayout;
16 import android.widget.TextView;
17 public class PlayHistoryActivity extends AppCompatActivity{
18     private TextView tv_main_title, tv_back,tv_none;
19     private RelativeLayout rl_title_bar;
20     private ListView lv_list;
21     private PlayHistoryAdapter adapter;
22     private List<VideoBean> vbl;
23     private DBUtils db;
24     @Override
25     protected void onCreate(Bundle savedInstanceState) {
26         super.onCreate(savedInstanceState);
27         setContentView(R.layout.activity_play_history);
28         //设置此界面为竖屏
29         setRequestedOrientation(ActivityInfo.SCREEN_ORIENTATION_PORTRAIT);
30         db= DBUtils.getInstance(this);
31         vbl=new ArrayList<VideoBean>();
32         //从数据库中获取播放记录信息
33         vbl=db.getVideoHistory(AnalysisUtils.readLoginUserName(this));
34         init();
35     }
36     /**
37      * 初始化 UI 控件
38      */
39     private void init() {
40         tv_main_title=(TextView) findViewById(R.id.tv_main_title);
41         tv_main_title.setText("播放记录");
```

```
42          rl_title_bar=(RelativeLayout) findViewById(R.id.title_bar);
43          rl_title_bar.setBackgroundColor(Color.parseColor("#30B4FF"));
44          tv_back=(TextView) findViewById(R.id.tv_back);
45          lv_list=(ListView) findViewById(R.id.lv_list);
46          tv_none=(TextView) findViewById(R.id.tv_none);
47          if(vbl.size()==0){
48              tv_none.setVisibility(View.VISIBLE);
49          }
50          adapter=new PlayHistoryAdapter(this);
51          adapter.setData(vbl);
52          lv_list.setAdapter(adapter);
53          // 后退按钮的点击事件
54          tv_back.setOnClickListener(new View.OnClickListener() {
55              @Override
56              public void onClick(View v) {
57                  PlayHistoryActivity.this.finish();
58              }
59          });
60      }
61  }
```

（2）创建从数据库获取播放记录的方法

由于播放记录界面的数据是从数据库中获取的，同时操作数据库的方法都放在DBUtils工具类中，因此需找到“个人资料”模块中的【任务5-4】中的DBUtils.java文件，在该文件中添加一个getVideoHistory()方法来获取播放记录数据，具体代码如下：

```
/**
 * 获取视频记录信息
 */
 public List<VideoBean> getVideoHistory(String userName) {
        String sql="SELECT * FROM " + SQLiteHelper.U_VIDEO_PLAY_LIST+"
        WHERE userName=?";
        Cursor cursor=db.rawQuery(sql, new String[]{userName});
        List<VideoBean> vbl=new ArrayList<VideoBean>();
        VideoBean bean=null;
        while(cursor.moveToNext()) {
            bean=new VideoBean();
            bean.chapterId=cursor.getInt(cursor.getColumnIndex("chapterId"));
            bean.videoId=cursor.getInt(cursor.getColumnIndex("videoId"));
            bean.videoPath=cursor.getString(cursor
            .getColumnIndex("videoPath"));
            bean.title=cursor.getString(cursor.getColumnIndex("title"));
            bean.secondTitle=cursor.getString(cursor
```

```
                .getColumnIndex("secondTitle"));
                vbl.add(bean);
                bean=null;
            }
            cursor.close();
            return vbl;
        }
```

（3）修改“我”的界面

由于播放记录界面是通过“我”的界面跳转的，因此需要在“我的模块”中找到【任务 4-5】的 MyInfoView.java 文件中的 initView() 方法，在注释“// 跳转到播放记录界面”下方添加如下代码：

```
    Intent intent=new Intent(mContext,PlayHistoryActivity.class);
    mContext.startActivity(intent);
```

小　结

本章主要讲解了课程模块，主要包含课程列表、课程详情、视频播放和播放记录。读者需要明确各个模块之间的关系，对各界面之间的跳转逻辑有清晰的认识。同时需要掌握在列表中跳转到相应界面的实现方法，以及通过 ViewPager 和 Fragment 实现广告轮播图等。

【思考题】

1．如何实现水平滑动广告栏？

2．如何使用 Fragment 实现界面的切换？

第8章 项目上线

学习目标

◎掌握项目打包流程，能够完成博学谷项目的打包；

◎掌握第三方加密软件的使用，能够通过第三方软件对博学谷项目进行加密；

◎掌握应用程序上传市场的流程，能够实现将博学谷项目上传至应用市场。

当应用程序开发完成之后，需要将程序放到市场上供用户使用。在上传到应用市场之前需要对程序代码进行混淆、打包、加固等，以提高程序的安全性。本章将针对程序的发布上线进行详细讲解。

8.1 代码混淆

为了防止自己开发的程序被别人反编译，保护自己的劳动成果，一般情况下会对程序进行代码混淆。所谓代码混淆就是保持程序功能不变，将程序代码转换成一种难以阅读和理解的形式。代码混淆为应用程序增加了一层保护措施，但是并不能完全防止程序被反编译。接下来将对代码混淆进行详细的讲解。

8.1.1 修改 build.gradle 文件

首先在 build.gradle 文件的 buildTypes 中添加相关属性，开启代码混淆，具体代码如【文件 8-1】所示。

【文件 8-1】build.gradle

```
1  apply plugin: 'com.android.application'
2  android {
3      compileSdkVersion 23
4      buildToolsVersion "23.0.2"
5      defaultConfig {
6          applicationId "com.boxuegu"
7          minSdkVersion 16
8          targetSdkVersion 23
9          versionCode 1
10         versionName "1.0"
11     }
12     buildTypes {
13         release {
14             minifyEnabled true
15             shrinkResources true
16             proguardFiles getDefaultProguardFile('proguard-android.txt'),
               'proguard-rules.pro'
17         }
18     }
19 }
20 dependencies {
21     compile fileTree(dir: 'libs', include: ['*.jar'])
22     testCompile 'junit:junit:4.12'
23     compile 'com.android.support:appcompat-v7:23.2.0'
24     compile 'com.android.support:design:23.2.0'
25 }
```

◎第 14 ~ 16 行代码用于代码混淆，其中 minifyEnabled 用于设置是否开启混淆，默认情况下为 false，需要开启混淆时设置为 true。shrinkResources 属性用于去除无用的 resource 文件。proguardFiles getDefaultProguardFile 用于加载混淆的配置文件，在配置文件中包含有混淆的相关规则。

8.1.2 编写 proguard-rules.pro 文件

在进行代码混淆时需要指定混淆规则，如指定代码压缩级别，混淆时采用的算法，排除混淆的类等，这些混淆规则是在 proguard-rules.pro 文件中编写的，具体代码如【文件 8-2】所示。

【文件 8-2】proguard-rules.pro

```
1  -optimizationpasses 5              # 指定代码的压缩级别
2  -dontusemixedcaseclassnames        # 是否使用大小写混合
```

```
3  -dontpreverify                                    # 混淆时是否做预校验
4  -verbose                                          # 混淆时是否记录日志
5  # 混淆时所采用的算法
6  -optimizations !code/simplification/arithmetic,!field/*,!class/merging/*
7  -keep public class * extends android.app.Activity
8  -keep public class * extends android.app.Application
9  -keep public class * extends android.app.Service
10 -keep public class * extends android.content.BroadcastReceiver
11 -keep public class * extends android.content.ContentProvider
12 -keep public class * extends android.app.backup.BackupAgentHelper
13 -keep public class * extends android.preference.Preference
14 -keep public class com.android.vending.licensing.ILicensingService
15 -keepclasseswithmembernames class * {        # 保持 native 方法不被混淆
16     native <methods>;
17 }
18 -keepclasseswithmembers class * {            # 保持自定义控件类不被混淆
19     public <init>(android.content.Context, android.util.AttributeSet);
20 }
21 -keepclasseswithmembers class * {            # 保持自定义控件类不被混淆
22     public <init>(android.content.Context, android.util.AttributeSet,int);
23 }
24 -keepclassmembers class * extends android.app.Activity {
25     public void *(android.view.View);
26 }
27 -keepclassmembers enum * {                   # 保持枚举 enum 类不被混淆
28     public static **[] values();
29     public static ** valueOf(java.lang.String);
30 }
31 -keep class * implements android.os.Parcelable { # 保持 Parcelable 不被混淆
32     public static final android.os.Parcelable$Creator *;
33 }
```

从上述代码可以看出，在 proguard-rules.pro 文件中需要指定混淆时的一些属性，如代码压缩级别、是否使用大小写混合、混时的算法等。同时在文件中还需要指定排除哪些类不被混淆，如 Activity 相关类，四大组件，自定义控件等，这些类若被混淆，程序将无法找到该类，因此需要将这些内容进行排除。

8.1.3 查看 mapping.txt 文件

当 build.gradle 文件和 proguard-rules.pro 文件编写完成后，就可以将项目进行打包。打包完成之后，会将代码中的类名，方法名进行混淆，混淆结果可以在项目所在路径下的 \app\build\outputs\mapping\release 中的 mapping.txt 文件中看到。混淆结果如【文件 8-3】所示。

【文件 8-3】mapping.txt

```
1  com.boxuegu.view.CourseView$AdAutoSlidThread -> com.boxuegu.view.a$a:
2      com.boxuegu.view.CourseView this$0 -> a
3      void <init>(com.boxuegu.view.CourseView) -> <init>
4      void run() -> run
5  com.boxuegu.view.CourseView$MHandler -> com.boxuegu.view.a$b:
6      com.boxuegu.view.CourseView this$0 -> a
7      void <init>(com.boxuegu.view.CourseView) -> <init>
8      void dispatchMessage(android.os.Message) -> dispatchMessage
9  com.boxuegu.view.ExercisesView -> com.boxuegu.view.b:
10     android.widget.ListView lv_list -> a
11     com.boxuegu.adapter.ExercisesAdapter adapter -> b
12     java.util.List ebl -> c
13     android.app.Activity mContext -> d
14     android.view.LayoutInflater mInflater -> e
15     android.view.View mCurrentView -> f
16     void <init>(android.app.Activity) -> <init>
17     void createView() -> c
18     void initView() -> d
19     void initData() -> e
20     android.view.View getView() -> a
21     void showView() -> b
22 com.boxuegu.view.MyInfoView -> com.boxuegu.view.c:
23     android.widget.ImageView iv_head_icon -> a
24     android.widget.LinearLayout ll_head -> b
25     android.widget.RelativeLayout rl_course_history -> c
26     android.widget.RelativeLayout rl_setting -> d
27     android.widget.TextView tv_user_name -> e
28     android.app.Activity mContext -> f
29     android.view.LayoutInflater mInflater -> g
30     android.view.View mCurrentView -> h
31     void <init>(android.app.Activity) -> <init>
32     void createView() -> c
33     void initView() -> d
34     void setLoginParams(boolean) -> a
35     android.view.View getView() -> a
36     void showView() -> b
37     boolean readLoginStatus() -> e
38     boolean access$000(com.boxuegu.view.MyInfoView) -> a
39     android.app.Activity access$100(com.boxuegu.view.MyInfoView) -> b
```

上述代码列举出了 mapping.txt 文件中的一小段内容，从文件内容可以看出，当开启代码混淆之后，项目打包时会将类名，方法名混淆成 a、b、c、d 等难以解读的内容。这样做大大提高了程序的安全性。读者可自行查看 mapping.txt 文件的完整内容。

8.2 项目打包

项目开发完成之后，如果要发布到互联网上供别人使用，就需要将自己的程序打包成正式的 Android 安装包文件，简称 APK，其扩展名为“.apk”。接下来针对 Android 程序打包过程进行详细讲解。

首先，在菜单栏中点击【Build】→【Generate Signed APK】，如图 8-1 所示。

在图 8-1 中，单击【Generate Signed APK】选项，进入到 Generate Signed APK 界面，如图 8-2 所示。

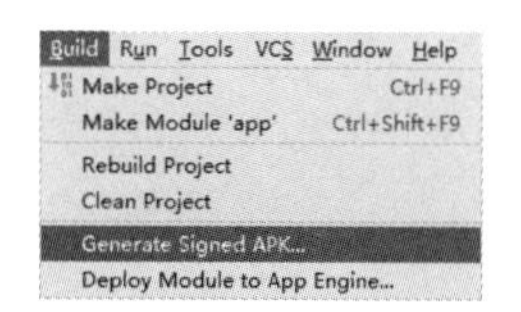

图 8-1 Generate Signed APK 选项

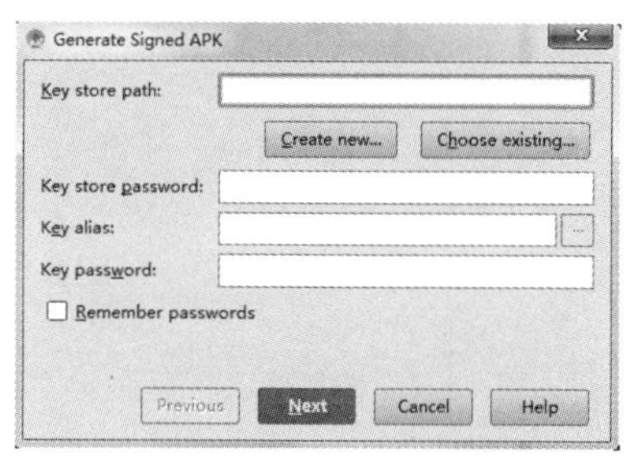

图 8-2 Generate Signed APK 界面

在图 8-2 中，【Key store path】项用于选择程序证书地址，由于是第一次开发程序没有证书，因此需要创建一个新的证书。点击【Create new】按钮，进入 New Key Store 界面，如图 8-3 所示。

在图 8-3 中，点击【Key store path】项之后的【...】按钮，进入 Choose keystore file 界面，选择证书存放路径，如图 8-4 所示。

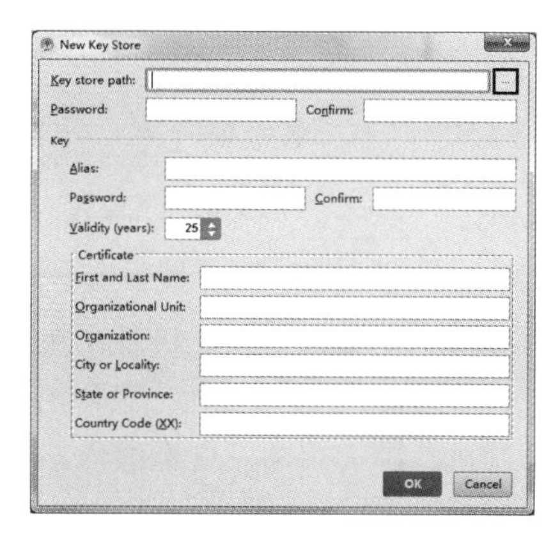

图 8-3 New Key Store 界面

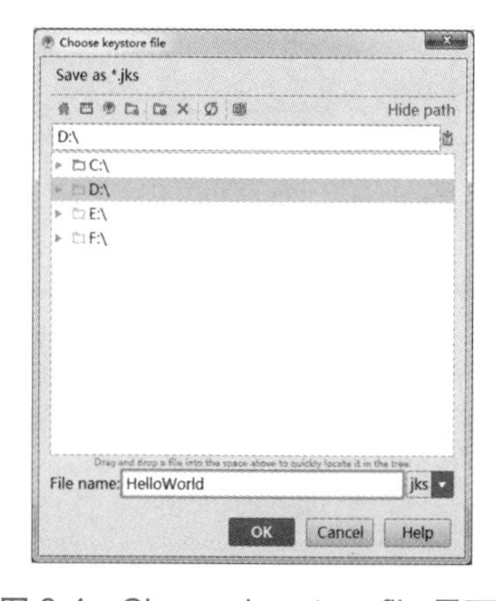

图 8-4 Choose keystore file 界面

在图 8-4 中，选择证书所存放路径后，在下方【File name】中填写证书名称，点击【OK】

按钮。此时，会返回到 New Key Store 界面，然后填写相关信息，如图 8-5 所示。

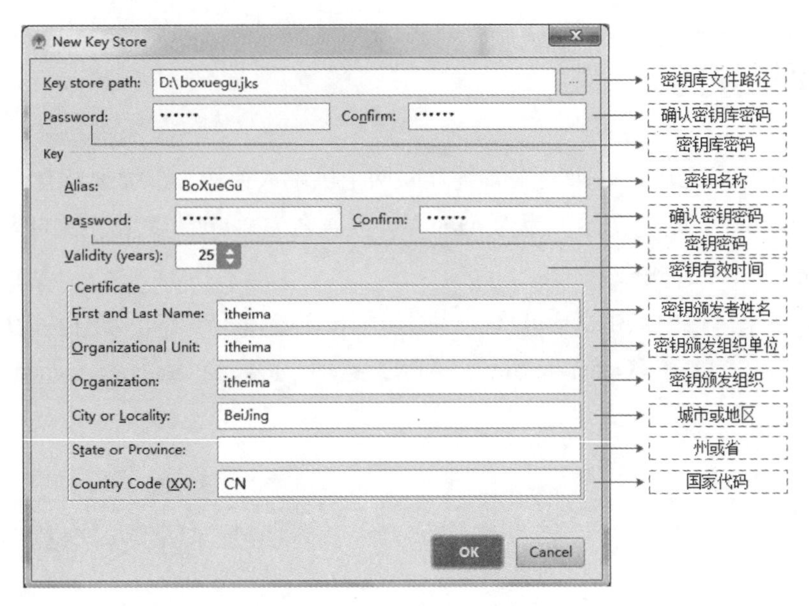

图 8-5 New Key Store 界面

在图 8-5 中，信息填写完毕之后，点击【OK】按钮，返回到 Generate Signed APK 界面，如图 8-6 所示。

在图 8-6 中，创建好的证书信息已经自动填写完毕，点击【Next】按钮，如图 8-7 所示。

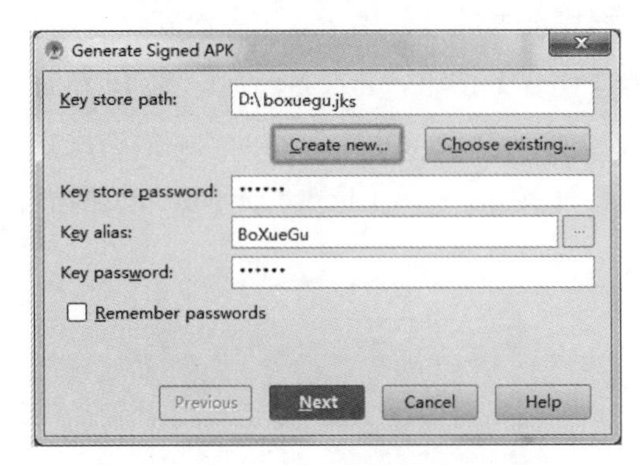

图 8-6 Generate Signed APK 界面

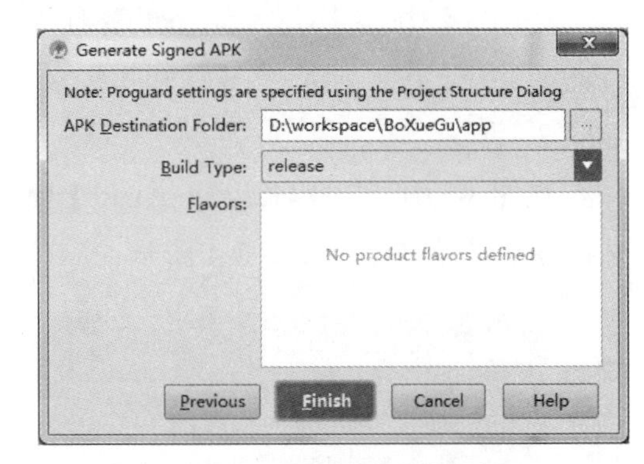

图 8-7 创建好的证书信息

在图 8-7 中，【APK Destination Folder】表示 APK 文件路径，Build Type 表示构建类型（有两种：Debug 和 Release，其中 Debug 通常称为调试版本，它包含调试信息，并且不作任何优化，便于程序调试。Release 称为发布版本，往往进行了各种优化，以便用户很好地使用）。此处选择 release，然后点击【Finish】按钮，进入到 Signed APK's generated successfully 界面，如图 8-8 所示。

图 8-8　Signed APK’s generated successfully 界面

在图 8-8 中，点击【Show in Explorer】按钮，即可查看生成的 APK 文件，如图 8-9 所示。

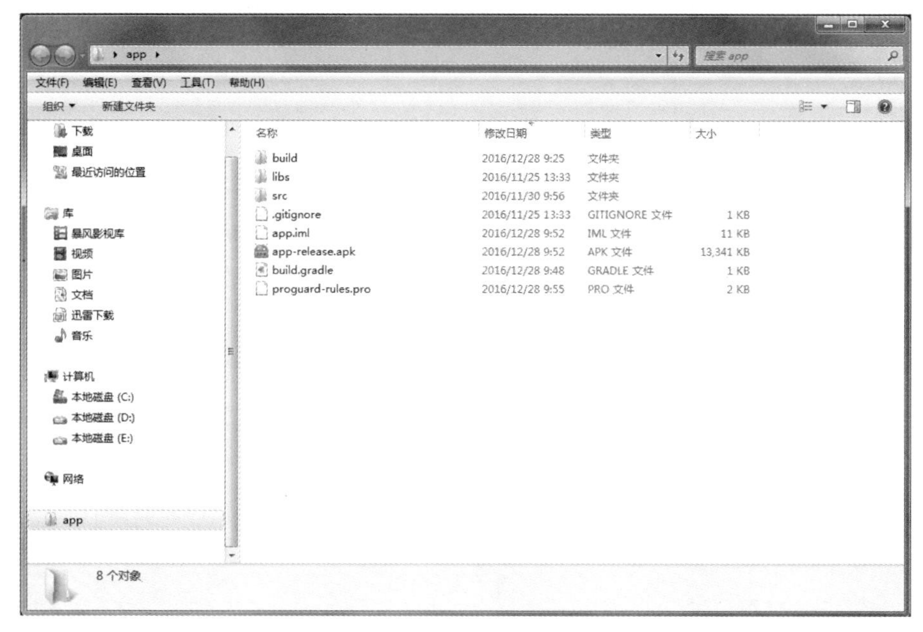

图 8-9　成功生成 APK

至此，项目程序已成功完成打包。这个打包成功的程序能够在 Android 手机上进行安装运行，也能够放在市场中让其他人进行下载。

8.3 项目加固

在实际开发中，为了增强项目的安全性，增加代码的健壮性，会根据项目需求使用第三方加固软件对项目进行加固（加密）。接下来将对第三方加密软件“360 加固助手”进行详细的讲解。

1. 下载 360 加固助手

首先进入 360 加固首页（http://jiagu.360.cn/），注册登录后，找到“加固助手”的下载页面（http://jiagu.360.cn/qcmshtml/details.html#helper），如图 8-10 所示。

选择与操作系统相对应的软件进行下载，本文以 Windows 版为例。下载完成后进行解压，然后打开 360 加固助手，如图 8-11 所示。

输入账号和密码，点击“登录”按钮，会进入“账号信息”填写界面，如图 8-12 所示。

图 8-10 加固助手

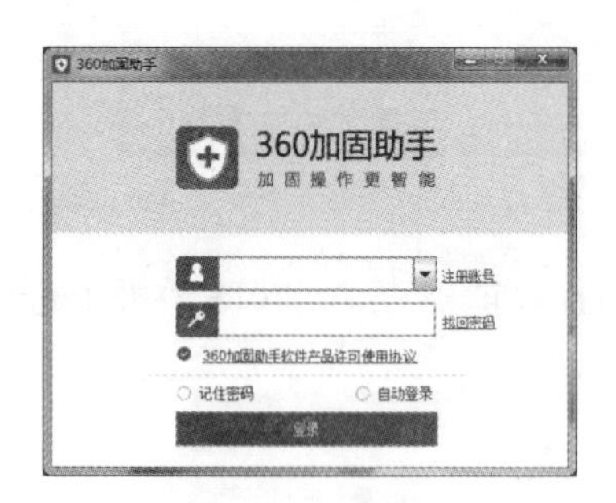

图 8-11 登录

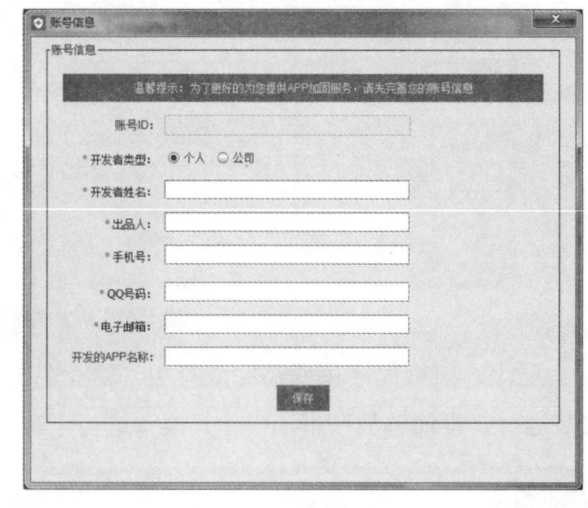

图 8-12 账号信息

填写完成账号信息之后点击“保存”按钮，会进入程序的欢迎界面，如图 8-13 所示。

在欢迎界面可以选择“查看新手引导”进行学习，读者可以自行查看，本书将不再演示。

2. 配置信息

在欢迎界面中，点击“开始使用”按钮，进入 360 加固助手界面，如图 8-14 所示。

首先点击“配置信息”按钮进入“配置信息”界面，如图 8-15 所示。

在“签名配置”选项卡中勾选“启用自动签名”即可添加本地的 keystore 签名文件，选择文件路径（D:\boxuegu.jks）并输入 keystore 密码，如图 8-16 所示。

在图 8-16 中填写完成配置信息，点击“添加”按钮即可完成配置信息的添加，如图 8-17 所示。

图 8-13　欢迎界面

图 8-14　加固助手界面

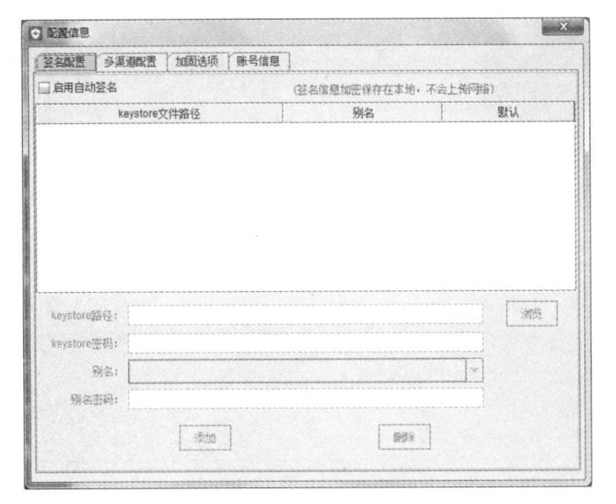

图 8-15　配置信息

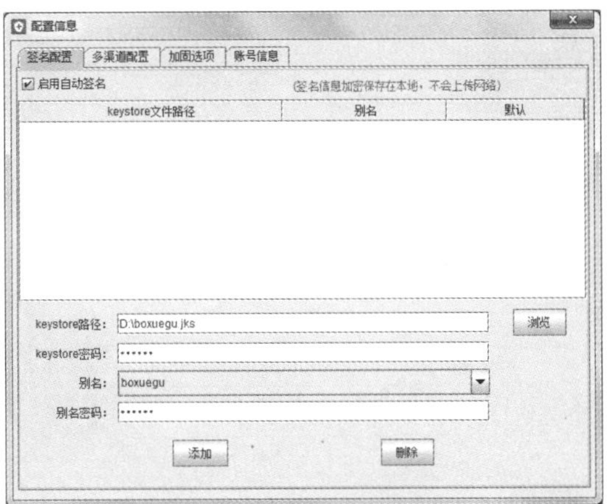

图 8-16　填写配置信息

点击“多渠道配置”界面可以进行多渠道打包，本章不做讲解，读者可以自己进行尝试。点击“加固选项”界面可以选择文件的输出路径，以及一些增强服务，如图 8-18 所示。

图 8-17　添加配置信息

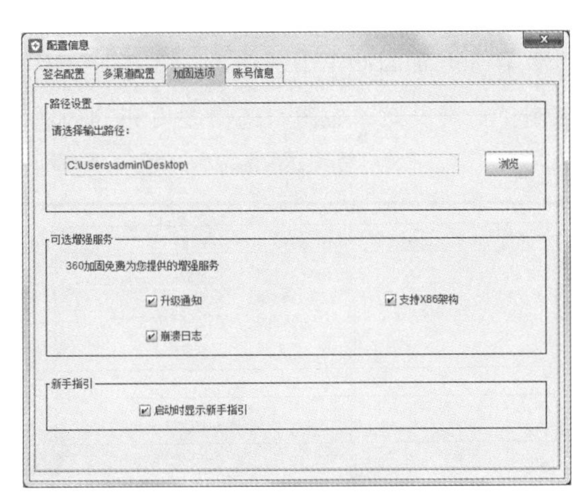

图 8-18　加固选项

点击账号信息界面可以查看账号的相关内容，填写完毕之后关闭该对话框即可完成配置信息。

3. 加固应用

接下来在主界面中点击“加固应用”按钮，选择需要加固的应用程序，如图 8-19 所示。

从图 8-19 中可以看出，应用程序上传后会处于“加固中”状态，当加固完成后会变成“加固完成”状态，如图 8-20 所示。

至此，使用第三方工具加固应用程序全部完成。完成加固后的应用程序安全性更高。接下来将应用程序上传至应用市场即可供其他用户下载使用。

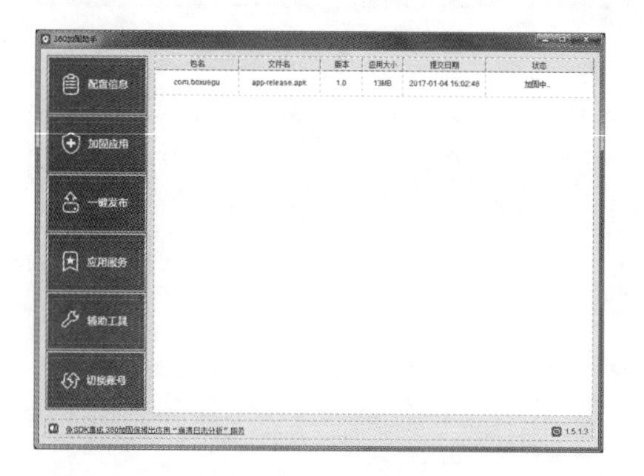

图 8-19　上传文件

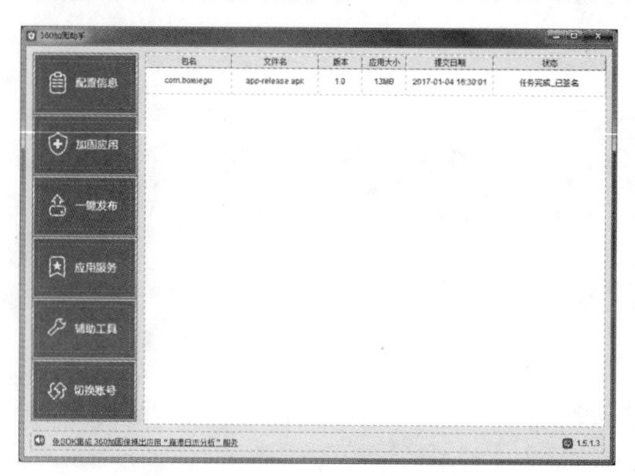

图 8-20　加固完成

8.4 项目发布

应用程序发布到市场之后，用户便可以通过市场进行程序下载。应用市场选择也有很多种，如 360 应用市场、百度应用市场、小米应用市场等。本节以 360 市场为例，详细讲解如何将加固过后的应用程序上传到应用市场中。

在 360 加固助手中选择“一键发布”功能，就可以将加固过的应用程序上传至市场了。点击“一键发布”按钮，选择要发布的市场，如图 8-21 所示。

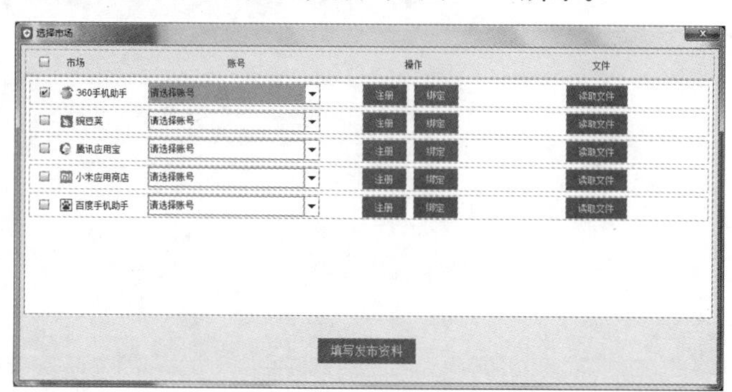

图 8-21　选择市场

选择要发布的市场之后，点击“读取文件”按钮，选择加固完成后的应用程序，如图 8-22 所示。

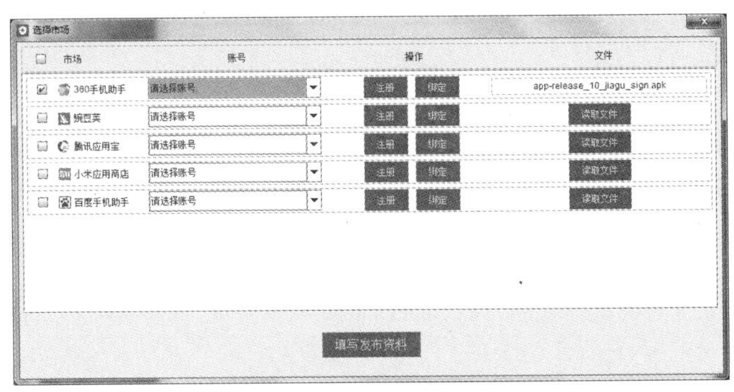

图 8-22　选择程序

选定文件之后选择使用的账号，之后点击“填写发布资料”按钮，进入资料填写界面，如图 8-23 所示。

从图 8-23 中可以看出，在“完善基本信息”界面中填写应用程序的相关信息，填写完成之后向下滚动可以看到“上传图标和截图”界面，如图 8-24 所示。

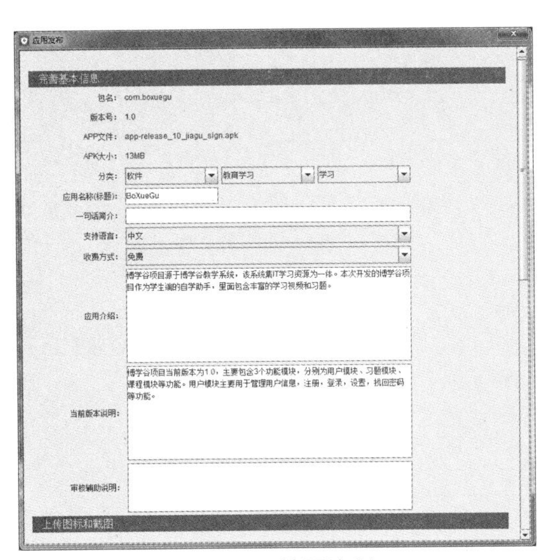

图 8-23　填写资料

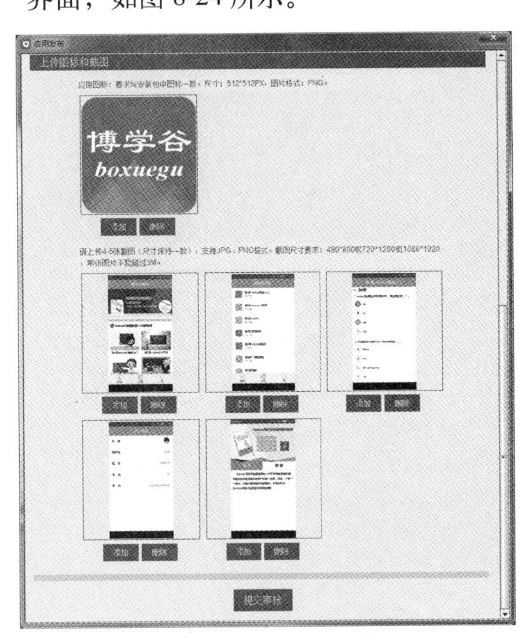

图 8-24　上传图标和截图

在“上传图标和截图”界面中显示上传项目的图标以及要展示的程序截图，需要按照市场规范的格式和大小进行上传，程序信息填写完成之后点击“提交审核”即可。

至此，项目完成上传市场。程序提交之后需要通过市场的审核才能正式发布下载，只需要耐心等待审核结果即可。

小　　结

本章主要讲解了项目从打包到上线的全部流程，首先讲解了代码的混淆，使用代码混淆可以提高代码的安全性；之后讲解了项目打包，项目加固和发布市场，项目加固时使用了第三方的加密工具，对项目的加密提高了程序的稳固性；最后讲解了如何将应用程序发布到市场。读者需要对本章内容熟练掌握，为以后实际开发做好准备。

【思考题】

1．如何给程序打包生成签名文件？

2．如何给程序加固并发布到市场？